しくみ図解

上下水道が一番わかる

浄水から循環利用まで最重要インフラの上下水道を理解する

長澤靖之 監修・著

技術評論社

はじめに

　人間は、何も食べなくても2～3週間は、生存できます。しかし、水を飲まないと4～10日程度で生命を終えるといわれています。

　人は、エネルギーのもとである食物を食べ、栄養分を消化・吸収した後、老廃物として体外へ排出しています。この過程で水を必要としています。都市も人体と同じように、産業活動の水や住民の生活用水を上水道から得て、様々な都市活動を行い、そこから発生した老廃物は、下水道に流しています。そのため、上下水道の設備を身の回りに常に備え、毎日その機能を利用して生活しています。たとえば、蛇口をひねると世界でも有数の清浄な水がほとばしり出て、さらには、炊事、洗濯、排泄が終わると汚水・汚物は、速やかに水流とともにいずこかへ流れ去ります。

　しかし、「どこから水が来てどこへ行くのか？　なぜそうなっているのか？」の仕組みについては、あまり知られていません。笑い話に、水不足で困っている中近東の大金持ちが日本を訪問して、帰りに「蛇口を国への土産として持ち帰りたい」というのがあります。蛇口から清浄な水が常に流れ出るようにするには、降雨や降雪を集めて、にごりやゴミ、人に害する物質を除去し、消毒をするなどの浄化をし、さらに、管で延々と送水しなければ、蛇口までたどり着きません。

　本書は、化学や生物、土木や機械などが複合的に入り混じるがために、なかなか理解しにくかった上下水道を、より身近にして頂くためのものです。この分野に興味を持たれた学生、若年技術者、市民の方を対象に出来る限り、広い範囲の内容をわかりやすい表現でまとめてみました。表現方法、解説不足なども多々あるとは思いますがご容赦ください。本書に目を通していただき、上下水道の設備と機能を理解していただけたら幸いです。

　　　　　　　　　　　　　　平成24年6月吉日　執筆者を代表して　長澤靖之

上下水道が一番わかる
──浄水から循環利用まで最重要インフラの上下水道を理解する──

目次

はじめに…………3

第1章 上下水道とは何か？…………9

1 限りある地球上の水…………10
2 急増する世界の水使用…………12
3 日本の水資源…………14
4 都市部の水循環と変化…………16
5 上水道の歩みと普及…………18
6 下水道の歩みと普及…………20
7 上水の使用形態…………24
8 水道事業とは？…………26
9 下水道事業とは？…………28
10 下水道の種類としくみ…………30
11 浄化槽のしくみ…………34
12 上下水道に関わる単位・用語…………38

CONTENTS

第2章 上水道のしくみ……………43

- 1 美味しい水……………44
- 2 水道の全体システム……………46
- 3 水道の水源……………48
- 4 地域特性による給水事情……………50
- 5 浄水処理の流れ……………52
- 6 凝集・沈殿池……………54
- 7 濾過池……………56
- 8 水質基準と検査……………58
- 9 消毒の種類と方法……………60
- 10 給水ルートと管の配置……………62
- 11 給水の方式……………64
- 12 水道管の種類と特徴……………68
- 13 給水管の施工……………70

第3章 下水道のしくみ……………75

- 1 下水の収集方法……………76
- 2 下水の流量の算定……………80
- 3 下水管の種類と接続……………82

4　下水管の流速と勾配……………86
5　下水管の管径算定……………88
6　人孔・伏越しの役割……………90
7　荷重に対する管の補強……………94
8　下水管の施工方法……………96
9　浄化は微生物の力で！……………100
10　下水の段階処理方式……………102
11　下水処理場のシステム……………104
12　活性汚泥方式……………106
13　余剰汚泥の処理……………110
14　汚泥の再利用……………112
15　閉鎖系水域の富栄養化……………114
16　下水の3次処理……………116

第4章　上下水道の環境……………119

1　水道水源の保全と管理……………120
2　水不足と節水対策……………122
3　増え始めた水質汚濁源……………126
4　集中豪雨の増加と対策……………128
5　合流改善対策……………132

CONTENTS

- 6 処理水のリサイクル……………134
- 7 工業用水の現状……………138
- 8 水道管の漏水……………140
- 9 上水道施設の老朽化……………142
- 10 下水道施設の老朽化……………144
- 11 下水管内の清掃……………146
- 12 複合利用される下水道施設……………148

第5章 上下水の新技術……………151

- 1 雨水の貯留施設……………152
- 2 地中への雨水浸透……………156
- 3 雨水の利用……………160
- 4 市民による新技術活用……………162
- 5 下水から有効成分回収……………164
- 6 上水道の耐震化……………168
- 7 下水道の耐震化……………172
- 8 高度浄水処理……………174
- 9 海水淡水化……………176
- 10 最近の入札方法……………178

用語索引……………180

CONTENTS

 **コラム｜目次**

バーチャルウォーター‥‥‥‥‥‥42

昔の水道料金‥‥‥‥‥‥‥74

水洗トイレ以外のトイレ ― バイオトイレ‥‥‥‥‥118

急増する水ビジネス‥‥‥‥‥‥150

第1章

上下水道とは何か？

水は、限りある資源です。
昨今の気候変動や急増する人口と水使用量により
地球上の水循環は危機に直面しています。
貴重な水を我々は、
どのようなシステムで利用しているのでしょうか。

1-1 限りある地球上の水

●地球の水

　太陽系の月や火星などの星には、水が存在していた痕跡は、残っているといわれています。しかし、水そのものの存在は、現在のところ発見されていません。それらの星に対し地球は、水の惑星といわれています。たしかに、宇宙からみた地球は、海の広がりにより、水が豊富にみえます。

　地球上に存在する水の総量は、約14億km³です。そのほとんどが、海や塩水を含んだ地下水、湖沼に存在する塩水です。しかし、我々の日常生活や都市活動、さらに農業用水は、淡水で営まれており、塩水を使用するには、高度な技術と莫大なコストが必要とされるため使用は困難です。

　水の総量を増やすことは、不可能です。しかし、水は、「地球上で海から蒸発し、雪や雨になり地上へ戻り、湖沼や河川、地下水を経てまた海へ戻る」という大きな循環をしています（図1-1-1）。人や動物・植物が利用した水も様々な姿で、この水循環の経路に戻り、再び利用することができます。この水循環は、地球上の場所により、循環の規模、速さなどは異なります。結果的に地域の降雨量や降雨時期、頻度などの気象の違いとなって現れます。

●各国の降水量

　世界の一年間の平均降水量は、約800mm。降水量が多い国は、マレーシア、インドネシア、フィリピンなどの熱帯地域で、逆に少ないのは、サウジアラビア、エジプトなど中近東の地域です。日本の1年間の平均降水量は、1,690mmですから、世界平均の2倍となっています（図1-1-2）。

　近年の地球温暖化で、世界各地の氷河が溶け出す、雪解けが早くなる、集中豪雨が増えるなど今までと比べ雨の降り方が変化し始めました。

　また、生活水準の向上や農業生産の増加を目指して、水の利用量は、ますます増加しています。さらに、最近では、工場排水や生活排水などにより水が汚染され、利用が困難になっている例もあります。限りある水の使用を適

切に管理し、地球環境を損なうことなく持続的に利用することが求められています。

図 1-1-1　水の循環

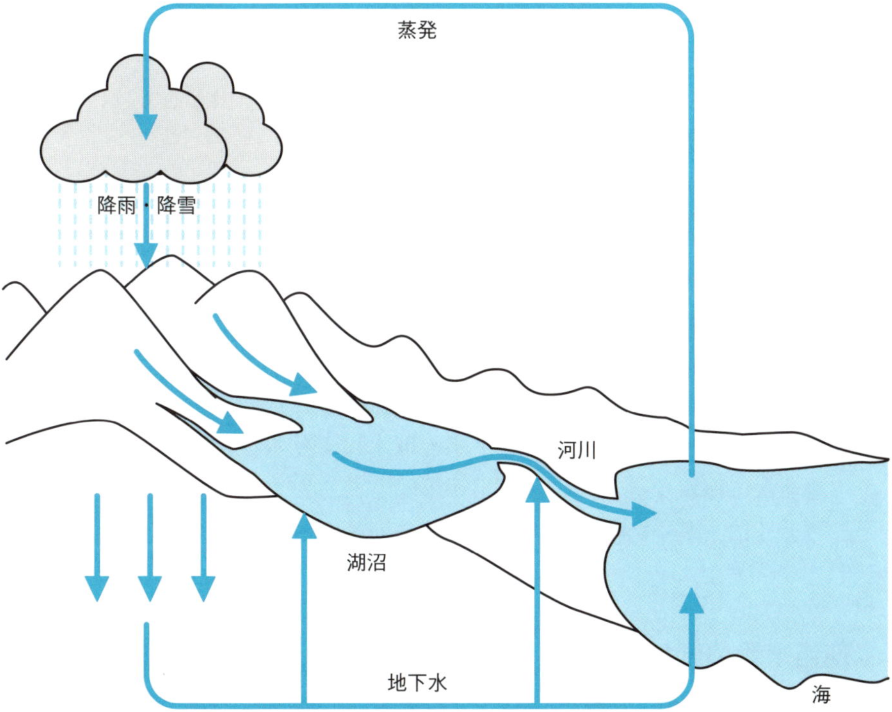

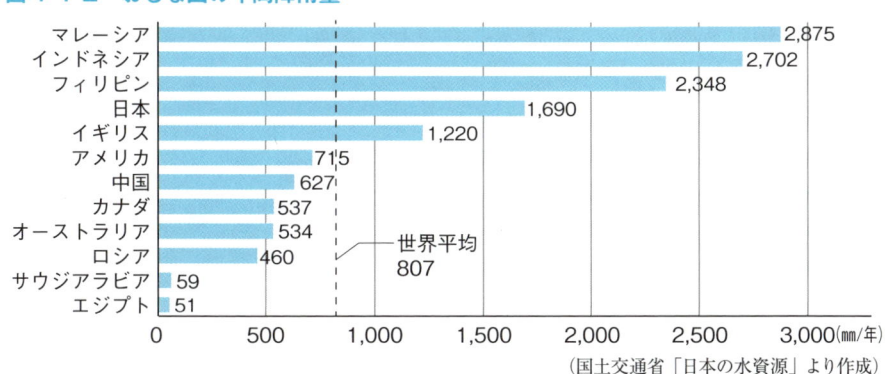

蒸発
降雨・降雪
河川
湖沼
地下水
海

図 1-1-2　おもな国の年間降雨量

マレーシア
2,875
インドネシア
2,702
フィリピン
2,348
日本
1,690
イギリス
1,220
アメリカ
715
中国
627
カナダ
537
オーストラリア
534
ロシア
460
サウジアラビア
59
エジプト
51
世界平均
807
0
500
1,000
1,500
2,000
2,500
3,000(㎜/年)

(国土交通省「日本の水資源」より作成)

1-2 急増する世界の水使用

●水不足が進む

地球上で水不足に悩む人々が増加しており、おもな原因としては、以下のようなことが考えられます。

①気候変動による降雨量の減少。
②地域の人口や産業が急増し、その水利用に対して供給が伴わなくなった。
③人々の生活水準の向上による水使用量の増加。
④川の上流で新たに発生した水利用による流水量の減少。
⑤河川上流域の森林や草地などが開発され、保水力を失い流量の不安定化。
⑥過剰に地下水を取水したことで水位が低下し、水利用が困難になった。
⑦海岸に近い地域において、地下水の取水により水位が低下し、その結果、地下水に海水が混入し、水利用が困難となった。

このように、多くの原因があり、これらが複合的に絡み合うことで水不足が生じています。

●使用水量の増加

世界の水使用量は、1995年から2025年の30年間で、総量が約1.4倍に増加すると予測されています。その内、一番多いのは、生活水準の向上に伴い約1.8倍に増加する生活用水です（図1-2-1）。しかし、発展途上国では、慢性的な水不足状況のため、生活水準の向上とは逆に衛生的な飲料水やトイレの利用困難化が予測されています。

●水ストレス

水需給の不足は、環境や農業、工業、エネルギーなどに要する「1人当たり利用可能水資源の最大量」1,700㎥をもとに、その不足数値により「水ストレス」で表現します（図1-2-2）。また、水が継続的に使用できない「水ストレス」状況下にある人々の数は、年々増加しています。

このような状況に対して、日本は、上水や下水などの衛生分野で様々な支援を行っています。政府開発援助（ODA）では、2005年から2009年の年間平均で、約20億ドルの実績があります。

図 1-2-1　世界の水使用量の推移

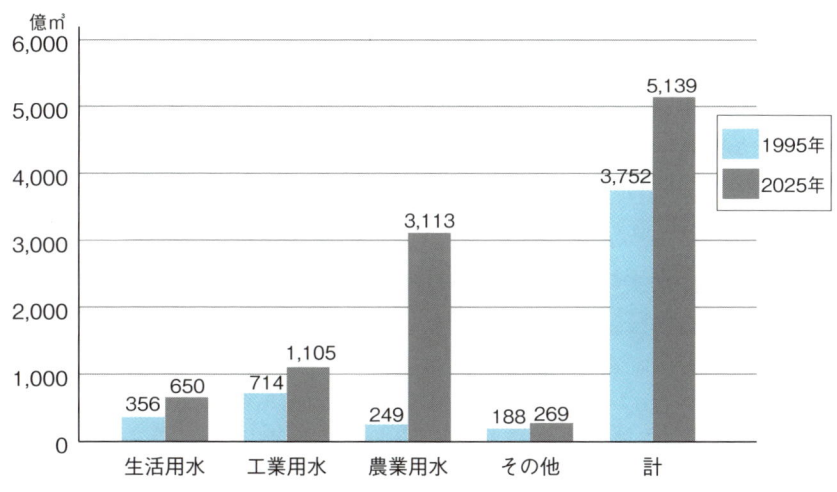

（国土交通省「日本の水資源」より作成）

図 1-2-2　1人当たりの年間水需給量による水ストレス

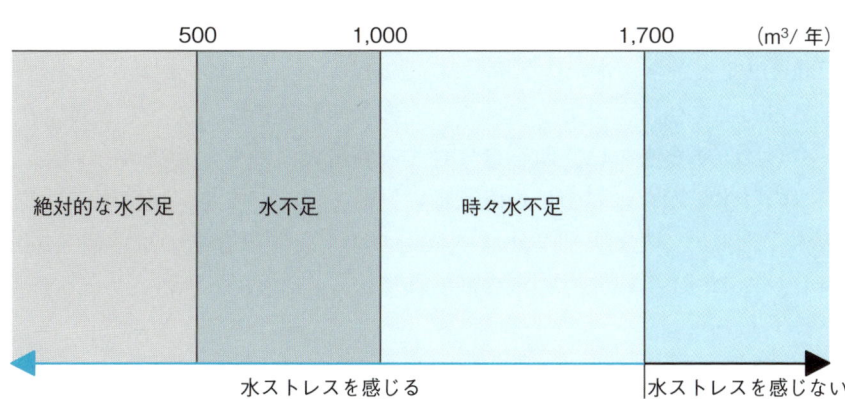

水ストレス：水需要に対する水供給が困難なこと

1-3 日本の水資源

●日本の降水量

日本は、北の亜寒帯から南の亜熱帯まで約2,000kmの距離があります。

日本列島の中央部は、脊梁山脈がそびえ、山脈の南北や東西の地域では、気候が大きく異なります。また、雨季による梅雨の有無、台風の来襲頻度などによる地域特性もあります。したがって、年間の降水量は、地域やその年により大きく異なります。

日本全体の年間平均降雨量は1,690mm。地方別で最も多いのが、降雪量が多い北陸地方2,350mm、最も少ないのは梅雨がない北海道で1,118mmとなっています（図1-3-1）。

●水資源賦存量

「水資源賦存量」という利用できる水資源の量を表す指標があります。当該地域の降水量から蒸発散の量を除外した値に、当該地域の面積を乗じて得た利用可能な理論上の最大水量を示します。

日本は、年間平均降水量が1,690mm、年間蒸発散量609mm、国土面積が約378,000km²ですから、水資源賦存量は、約4,100億m³となります。

もちろんこの値は、計算上であり、その年の気象条件によっても異なります。さらに、重要なのは、賦存量に対する利用人口です。

日本の降水量は、世界の平均降水量に比べ多いのですが、狭い国土に多くの人が住んでいるため、世界の1人当たりの水資源賦存量の平均値8,400m³に対し、日本の1人当たりの水資源賦存量は、約3,200m³です。

●水の使用分野

日本における水の使用分野は、大きく分けて、農業用水、工業用水、生活用水があります。それぞれの使用水量の合計は、取水量ベースで824億m³になり、水資源賦存量約4,100億m³に対して20％程度となっており、ここ30

年間に農業用水と工業用水の使用量は、やや減少しています（図1-3-2）。

図1-3-1　日本の年間平均降雨量

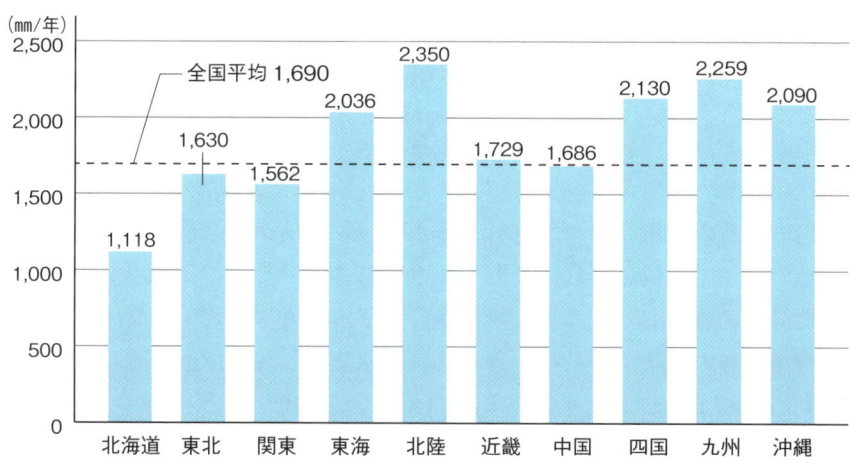

（国土交通省「日本の水資源（平成23年度版）」より作成）

図1-3-2　全国の水使用量

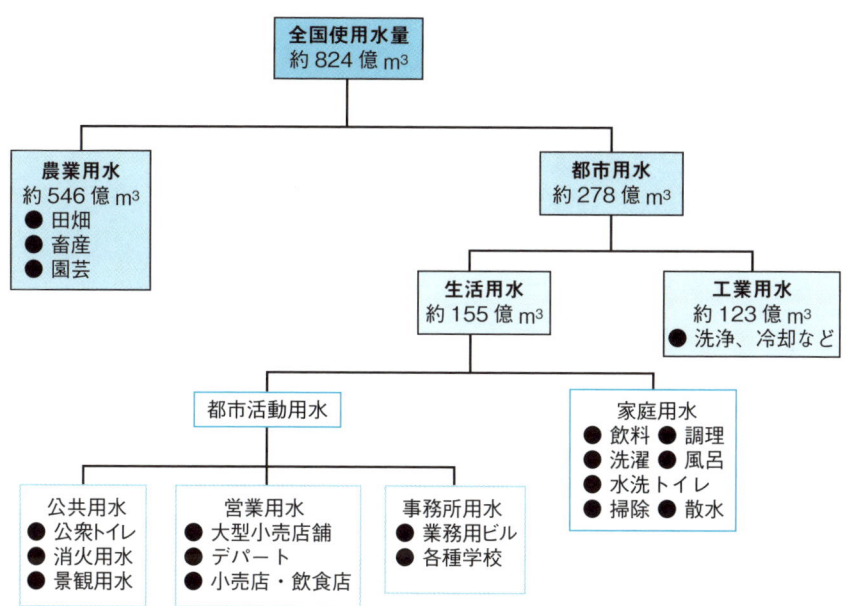

都市部の水循環と変化

●都市部における水循環

自然界における水循環とは違い、大量の水を利用する都市部では、水の流れも変化します。

河川の上流から取水された水は、浄水場、給水所を経た後、上水道として市街地の住宅、工場、事務所などに給水されます。そこで、様々な方法で利用した後、汚水として下水道に排出され、下水処理場に流入します。下水処理場で浄化された後、一部の処理水は、中水道として、生活用水や工場用水に再利用されますが、大部分の水は、河川に戻ります。

都市地域に降った雨水は、市街地内の下水道により集水され、一部は、下水処理場へ、一部は、河川へ流れていきます。このように自然界の水循環に対して、大都市域では、上水道や下水道などの新たな水の道により、人工的な水循環が形成されています（図 1-4-1）。

●水循環の変化

水循環がバランス良く機能していれば、安定した市民の生活が継続的に営めるわけですが、近年、以下のような様々な問題が生じてきています。

①山林の伐採や農・緑地の減少による雨水流出量の増加。
②ヒートアイランド現象による集中豪雨の増加。
③多雨と少雨の差の拡大。
④都市域の水害を引き起こす反面、水不足状況を増加させる。
⑤都市域から発生する化学物質による汚濁、発生源が特定できず対応が困難な汚濁物（ノンポイント汚濁）の増加。

これらは、水生動物や植物、さらには、人間を含む生態系へ影響を与えます（図 1-4-2）。

図1-4-1 都市部の水循環

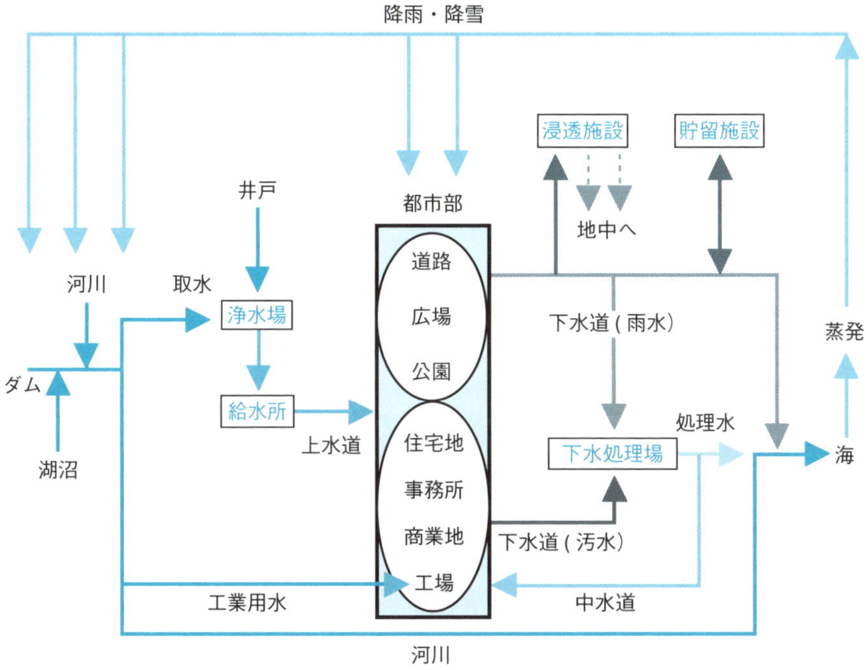

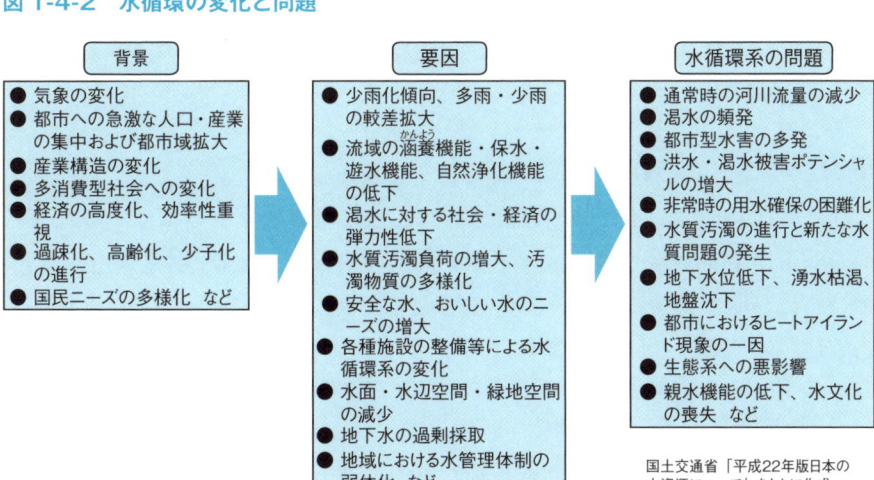

図1-4-2 水循環の変化と問題

背景
- 気象の変化
- 都市への急激な人口・産業の集中および都市域拡大
- 産業構造の変化
- 多消費型社会への変化
- 経済の高度化、効率性重視
- 過疎化、高齢化、少子化の進行
- 国民ニーズの多様化 など

要因
- 少雨化傾向、多雨・少雨の較差拡大
- 流域の涵養機能・保水・遊水機能、自然浄化機能の低下
- 渇水に対する社会・経済の弾力性低下
- 水質汚濁負荷の増大、汚濁物質の多様化
- 安全な水、おいしい水のニーズの増大
- 各種施設の整備等による水循環系の変化
- 水面・水辺空間・緑地空間の減少
- 地下水の過剰採取
- 地域における水管理体制の弱体化 など

水循環系の問題
- 通常時の河川流量の減少
- 渇水の頻発
- 都市型水害の多発
- 洪水・渇水被害ポテンシャルの増大
- 非常時の用水確保の困難化
- 水質汚濁の進行と新たな水質問題の発生
- 地下水位低下、湧水枯渇、地盤沈下
- 都市におけるヒートアイランド現象の一因
- 生態系への悪影響
- 親水機能の低下、水文化の喪失 など

国土交通省「平成22年版日本の水資源について」をもとに作成

1-5 上水道の歩みと普及

●培われた灌漑技術

　日本は、古来から米づくりを中心に農業を営んできました。そのため、水田や集落は、河川、湖沼、地下水、湧き水からの水を利用する必要があり、導水技術が発達しました。河川や湖沼が利用できない場合は、井戸を掘り地下水を生活に利用しました

　中世に至り、各地に城下町が建設されると、防衛を兼ねた堀の水への導水や城下に住む武士や町人などへ清浄な水を供給するために培われてきた井戸掘り、トンネル、石積み、測量など様々な導水技術が応用されました。

●日本の水道第 1 号

　戦国時代に北条氏が支配した小田原は、酒匂川や早川の流域に開けた水田地帯を基盤に、当時の日本においては、屈指の規模で栄えた町です。町では、住民たちが使用する水を、早川から城下町へ引き入れ、炭や砂で濾過していました。この浄化した水を各家屋に引き入れるために木樋とよばれる水道管が敷設されていました。この施設は、水道として必要な沈殿や濾過を行っていたため、現在、日本の水道施設の第 1 号とみなされています。

●近代水道の幕開け

　江戸時代初期の工事に使用されたのは、既に世界的なレベルにあったとされる測量、トンネルや開渠、サイホン、木樋や石樋などの導水技術です。この技術は、明治時代になり、海外の知識を吸収して急速に発展した近代上下水道建設の基礎となっています（図 1-5-1）。

●水道普及率と水系感染

　水道普及率とは、総人口に対し総給水人口が占める比率です。総給水人口は、上水道事業、簡易水道、専用水道のいずれかを利用している人の合計で

す。日本の上水道普及率は、1950年は約26%でしたが、1980年には、90%を超え、2004年以降、約97%に到達しています。

　また、井戸水や河川水など飲料水系を介して伝染病が発生し、広まることを水系感染といいます。日本においても、過去、河川や、共同井戸などの水を使用し、排水も垂れ流している地域で水系感染が起きました。現在でも、世界中の似たような状況下におかれた地域で、水系感染が起きています。

　水系感染は、人々が、上下水道を利用できているかどうか、すなわち、普及率に大きく関係します。

図1-5-1　近代上下水道の基礎

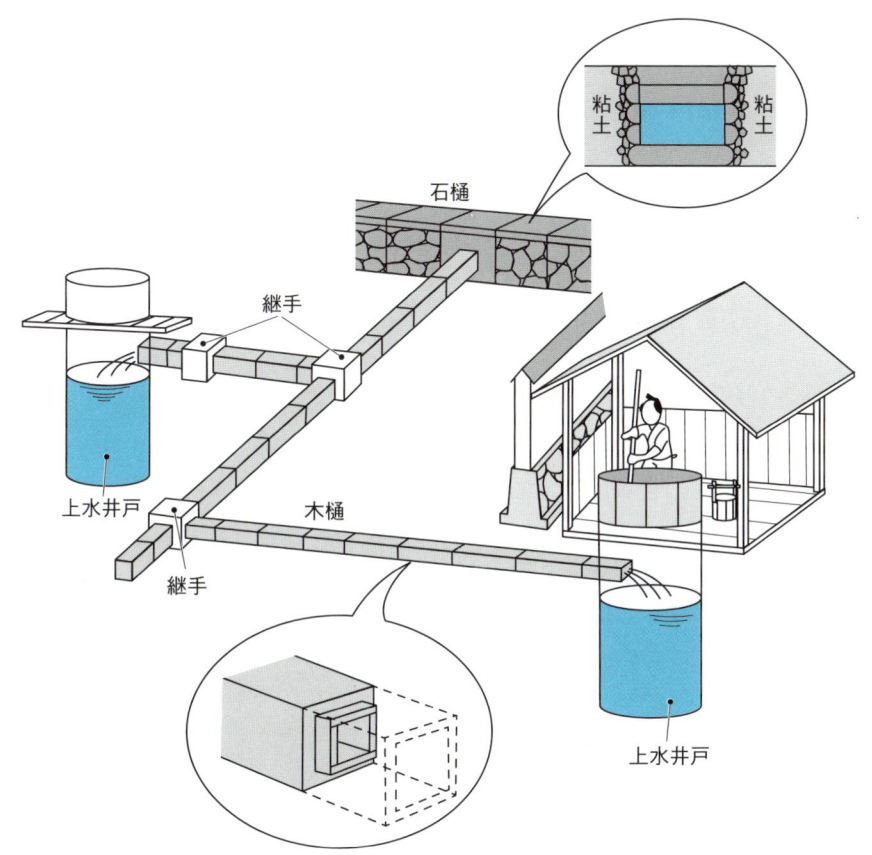

1-6 下水道の歩みと普及

●城下町づくりと下水

　下水道は、古来から様々な工夫がされてきました。

　弥生時代の環濠住居地や竪穴住居にも雨水を排除する排水溝の跡が各地で発掘されています。最近、藤原京の発掘現場から大規模な道路側溝が見つかりました。さらに、東京都国分寺市で奈良時代の国道である東山道の道路両側に排水溝が作られていたこともわかりました。

　そして、戦国時代の大阪城築城の際、城下町に石積の排水溝が、碁盤の目に仕切られた区画境に建設されていました。区画の背中合わせの境目であったので「背割下水」、太閤秀吉の名をとり「太閤下水」とも呼ばれ、その一部は現在でも使用されています（図1-6-1）。

　日本では、古来から1960年代に至るまで農業の肥料として人の屎尿が利用されてきました。江戸時代、江戸のように100万人を超える大都市においても、住民が排出した屎尿は、定期的に荷車や小舟で江戸周辺の農村へ運ばれ肥料として利用されました。そこで採れた作物は、江戸へ出荷され、住民に消費されていました。

　街中の雨水は、洗濯や炊事の水とあわせて、住居の近隣に張り巡らされた水路から下流の川に流されていました。同時代の下水道ができる前のヨーロッパでは、多くの場合、これらの汚物が街中に遺棄されていました。もっともこの不衛生な住環境が、下水道の発達を促した要因とされています。

　この点、日本の城下町は、比較的、清潔な環境が維持されており、衛生状況は良かったといわれています。

図 1-6-1 背割下水

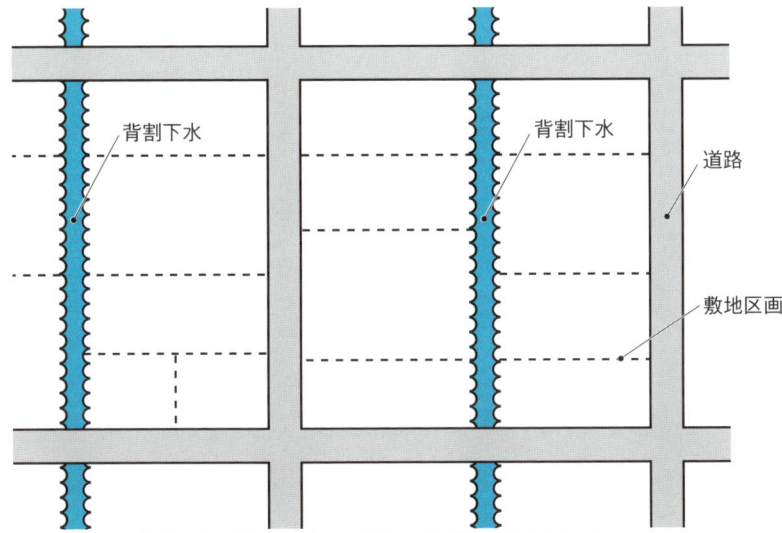

背割下水は道路に面した建物の背中側に設けられている

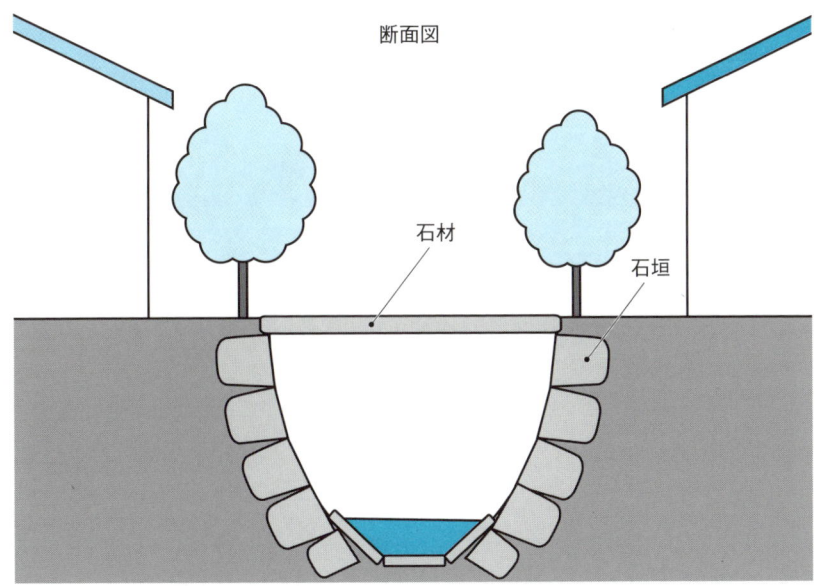

側面は石垣を積み、道路と交差する場所には石材で蓋がされている

●下水道の幕開けと歩み

　明治時代に入るとコレラや赤痢などの伝染病が蔓延したことにより、市内の雨水や汚水の排除が速やかに行えるよう下水道の整備が進められました。

　1922年に下水の処理を行うため東京の三河島下水処理場に散水濾床法（図1-6-2）による下水処理施設が建設されました。続いて、1930年には、名古屋市に活性汚泥法（図1-6-3）による下水処理施設が完成。その後、これらの方式は日本の各地に普及しました。

　本格的な下水道の建設は、1955年代に入り、高度成長に伴う都市への人口集中や工場の増加、生活水準向上による生活用水の増加などを背景に急ピッチで進められました。さらに、1970年の下水道法改正により、河川や湖沼などの公共用水域の水質汚染対策も下水道の役割に加わりました。

　平成時代に入ると下水道から発生する汚泥や燐などの有価物利用、下水中の潜熱やエネルギーの利用が進められています。さらに、今までに培われた技術は国際協力として発展途上国支援や水ビジネスとして活用されています。

　しかし、その一方で、建設から年数が経った上下水道の老朽化対策、耐震化の促進など、急務の課題を抱える時代に入っています。

●汚水処理施設の普及率

　汚水を処理する施設は、公共下水道の下水処理場、集落排水施設処理場、合併処理浄化槽、コミュニティプラントがあります。

　これらの処理施設で、水洗トイレと生活雑排水を浄化している人口が総人口に占める割合を、汚水処理普及率といい、2010年度末で86.9％に達しています。このうち、公共下水道の下水処理場で処理している人口のみを表す場合は、下水処理人口普及率で表現され、2010年度で75.1％です。なお、単独式浄化槽は、水洗トイレ排水のみを浄化しており、生活雑排水は、未処理のため普及率の数字には含まれません。汲取り式便所も同様です。

　都道府県の人口規模別汚水処理普及率は、水道と同様に、人口の多い都道府県ほど普及率が高く、少ない都市ほど低い傾向にあります。

図 1-6-2　散水濾床法

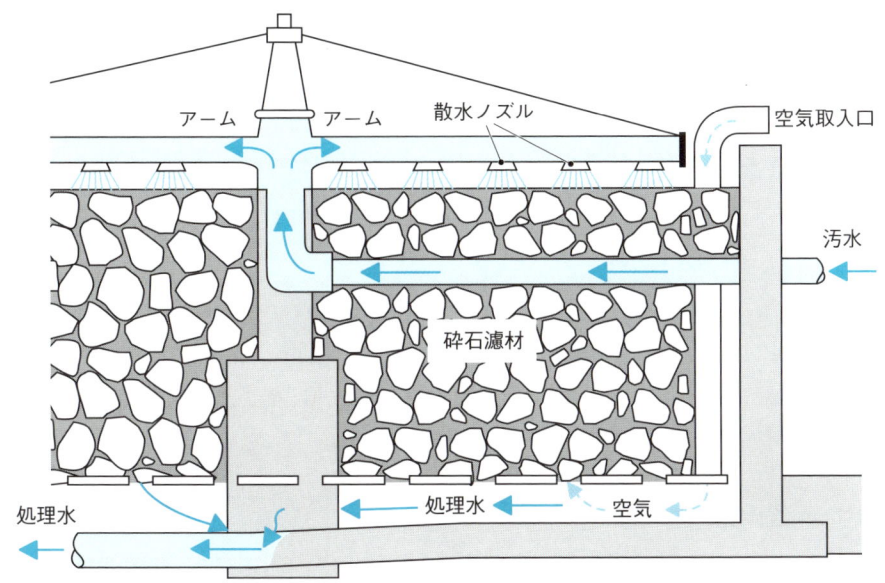

図 1-6-3　活性汚泥法

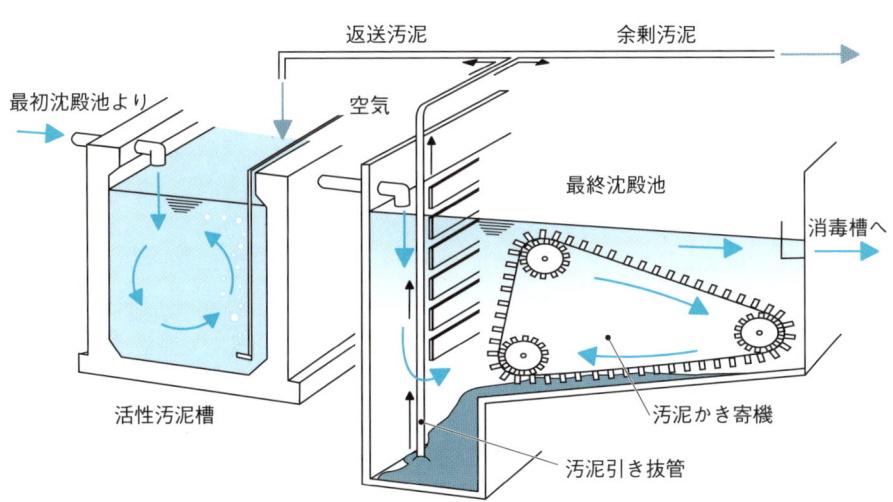

1-7 上水の使用形態

●使用用途別水量

家庭内での用途別使用については、炊事、風呂、トイレ、洗濯の4分野に大別されます（図1-7-1）。

1世帯当たりの水使用量は、世帯を構成する人数が多いほど使用水量は増加します。しかし、1人当たりの水使用量は、洗濯や風呂の水が、共用されることにより、逆に少なくなります。小家族化が進めば、水使用量は、増加することが予測されます。

●生活使用水量

日本の水使用は、2008年の取水ベースで約824億m^3です。そのうち、都市用水として使用するのが、工業用水約123億m^3と生活用水に使用される約155億m^3、あわせて約278億m^3です。

生活用水155億m^3は、取水ベースの量で、送水の途中で生じるロス（図1-7-2）を差し引いた有効水量ベースでは、135億トンになります。
生活用水使用量は、増加の一途をたどっていましたが、1995年頃の141億m^3をピークに約130億m^3台で横ばいの状況になってきています。

この結果、1人当たりの1日の水使用量も1995年をピークにその後減少し、現在は約300ℓ台を横ばい状況です。

図1-7-1 一般家庭の用途別使用水量の割合

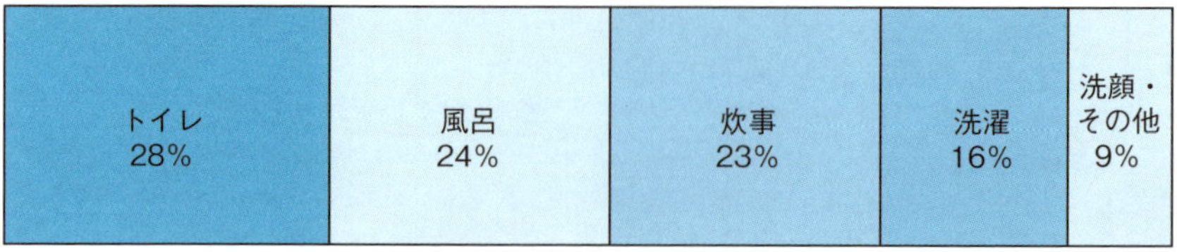

トイレ 28%	風呂 24%	炊事 23%	洗濯 16%	洗顔・その他 9%

（東京都水道局 「平成18年度一般家庭水使用目的別実態調査」より作成）

図 1-7-2 送水の途中で発生するロスの原因

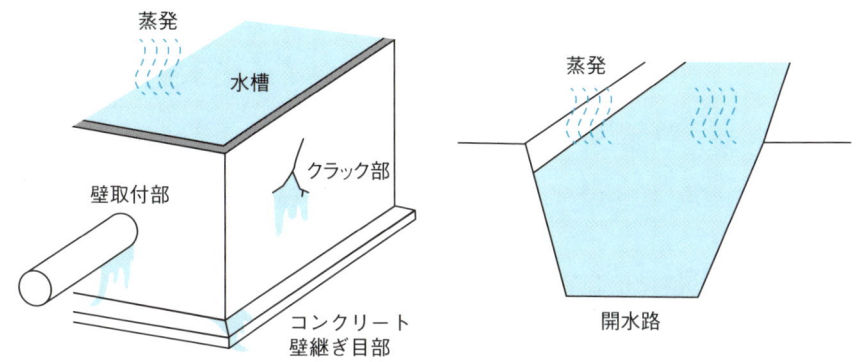

水槽からの蒸発、壁にできたクラック部、コンクリート壁の継目部、壁取付部からの漏水によるロス

開水路における蒸発のロス

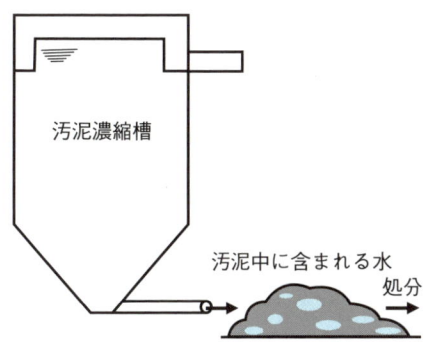

汚泥濃縮槽に送られた汚泥に含まれている水

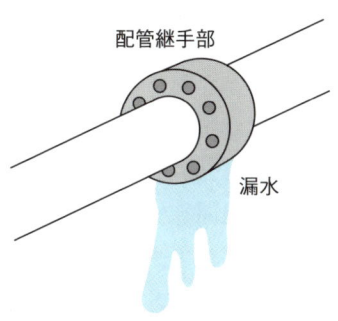

配管継手部の漏水によるロス

1-8 水道事業とは？

●水道事業の種類

　我々が、健康な生活をするためには、毎日、安定して給水される清浄な水が不可欠です。

　水道法は、「清浄にして豊富低廉な水の供給を図り、もって公衆衛生の向上と生活環境の向上に寄与する」、さらに、水道は、「導管及びその他の工作物により水を人の飲料に適する水として供給する施設の総体を言う」とされています。

　日本の津々浦々に安全な上水を毎日送り届けているのは、どのようなシステムで行っているのでしょうか？

　上水を利用者に送水する業務は、水道法で定める事業として行うことになっています。大きく分けると、水道事業、水道用水供給事業、専用水道の事業になります（図1-8-1）。

　水道事業は、給水する人口が5,000人を超える場合は、上水道事業で行うこととされ、約1億2千万人が利用しています。5,000人以下の場合は、簡易水道事業となり、約500万人が利用しています。

　簡易水道事業は、簡易と名がついていますが、消火栓の設置が義務付けられていないなどの簡易さはありますが、上水の水質などについては、上水道事業の水準と同等で、安全性については遜色ありません。

　水道用水供給事業は、水道事業者に水道用水を供給する事業で、通常、市民が直接この事業者から上水を給水されることはありません。

　専用水道は、寄宿舎や社宅などの自家用水道などで100人を超える居住者に給水するもの、または、1日の最大給水量が20㎥を超えるもので、約43万人が利用しています。

●水道事業の運営者

　日本の水道事業は、県や市町村など地方公共団体が行っています。地方公

共団体が水道事業や工業用水事業などを行う場合は、「地方公営企業法」の適用を受け予算、決算などは地方議会の議決、認定が義務付けられています。さらに、自治体の長は、水道事業の運営や管理者として「水道事業管理者」を任命することとされています。

　また、水道法では、水道事業者が、衛生的で安全な水を供給する技術面の責任者として「水道技術管理者」を任命することを義務付けています。水道技術管理者は、水道施設の構造および塩素消毒の措置並びに水質が基準に適合しているか、さらに、浄水場などで働く人の健康確認などの役割を果たしています。

　このように、水道利用者へ安全で正常な水を継続して送れるシステムが構築されています。

図 1-8-1　水道法で定める事業の種類

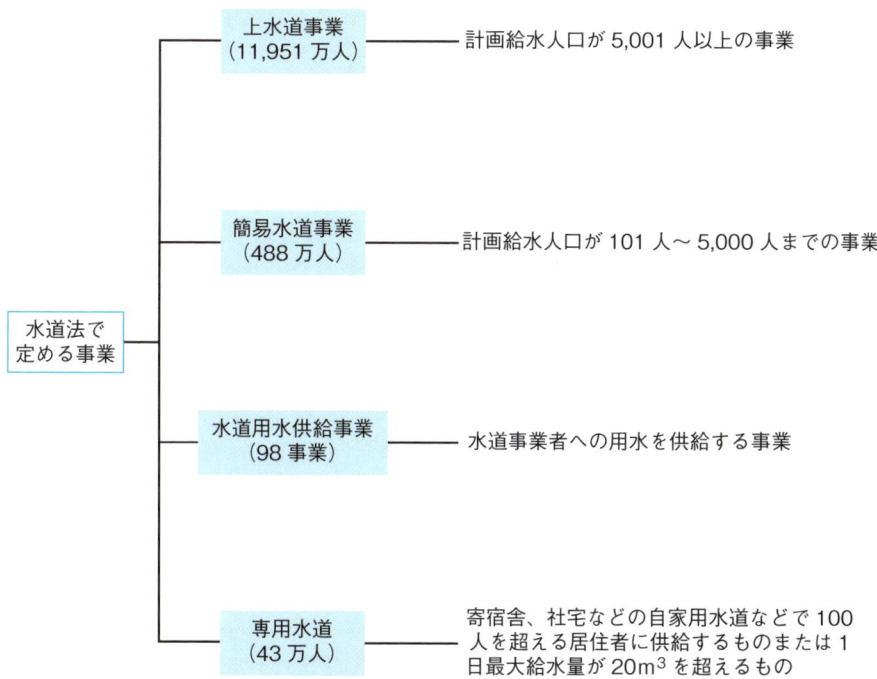

1-9 下水道事業とは？

●下水道事業の目的

下水道は、大きく分けると次のような役割を果たしています。
① トイレを汲取りから水洗に変えて、悪臭やハエなどを減少させ生活環境を向上させる。
② 生活排水や工場排水を浄化することによる、海や河川・湖沼など、公共用水域の水質の保全。
③ 雨水を下水管により排除して、低い敷地、地下道、地下室での浸水被害を軽減させる。
④ 下水中にある有機物、無機物、エネルギー源の資源利活用。

下水道の目的は、「都市の健全な発達及び公衆衛生の向上に寄与し、あわせて公共用水域の水質の保全に資すること」と下水道法で定めています。

下水道事業は、公共事業として公共団体自らによる運営がなされています。したがって、公共下水道の設置、改築、修繕、維持その他の管理は、原則として、市町村が行うことになっています。ただし、2以上の市町村が受益し、かつ、関係市町村のみでは設置することが困難な場合は、都道府県が行うこともできます。

●下水道事業実施による変化

下水道が普及する1955年代以前の多くの家庭では、家庭から出る屎尿は、汲取り式で農地へ還元する一方、炊事や洗濯から出る雑排水は、近隣の水路や排水溝を経て河川に流されていました。

しかし、生活水準の向上の中で下水道未整備地区でも、1965年代にトイレ水洗化のため、単独式浄化槽が普及し始めました。しかし、雑排水は、従来どおり未処理で河川に流されていました。1985年代に入ると汲取り、単独式浄化槽と平行して水洗トイレと雑排水をあわせて処理する合併式浄化槽が普及しました。

その後、下水道が整備されると、トイレの水洗化や雑排水の処理、雨水排水も行われることになりました（図1-9-1）。

図 1-9-1　おもな下水道設備の種類

下水道未整備地区

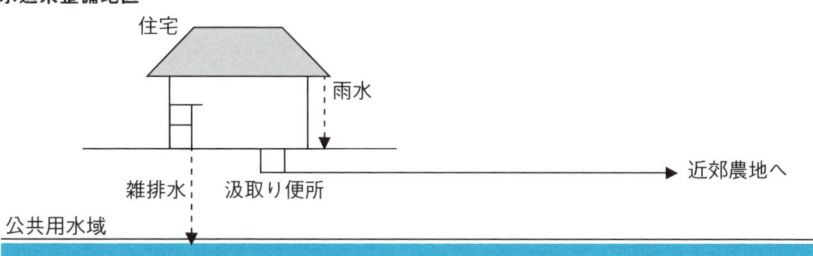

単独式浄化槽

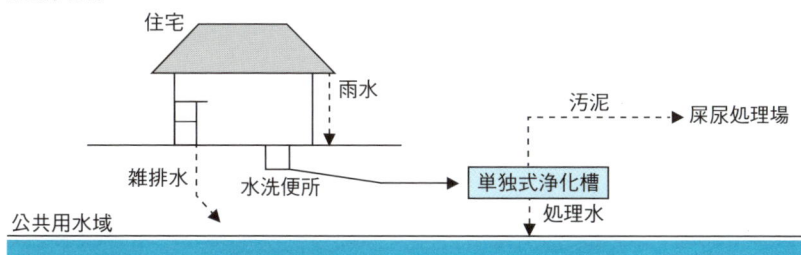

合併式浄化槽

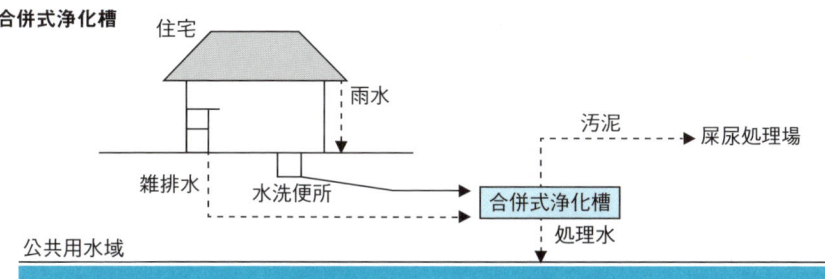

公共下水整備地区

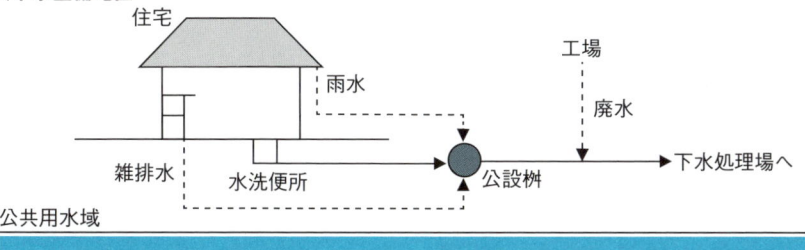

1-10 下水道の種類としくみ

●下水道の種類

　下水道は、管路施設、処理施設、ポンプ施設などから成り立ち、市町村などの公共機関が設置します。自ら維持管理をする公共下水道と性能や機能は変わらないが、より簡略化された下水道類似施設に大別されます。

　住宅、学校、病院、工場などから排出した汚水や敷地に降った雨水を下水道まで排水する配管は、排出元で設置して、維持管理も行います。このような下水道関連設備を、排水設備といいます。

●公共下水道

　公共下水道には次の種類があります。

一般公共下水道

　市町村がおもに市街地の下水の排除と処理を行うため、下水道事業として管渠、ポンプ施設、下水処理場を設置し維持管理をします。

特定公共下水道

　工場廃水の比率が高い公共下水道で、下水道建設費の一部は、受益を受ける工場の事業者が負担して設置します。

流域下水道

　河川の流域を対象に、広域的な下水道が効果的な場合に、2つ以上の市町村にまたがって下水管、ポンプ施設、下水処理場を設け、維持管理も行います。事業主体は都道府県です。

流域関連公共下水道

　管渠、ポンプ施設からなり、管の流末は、流域下水道に接続し、自ら終末処理場は設けません。

都市下水路

　市街地の雨水による局部的な浸水被害を防止する下水道で、雨水の排水のためにポンプ施設を設けることはありますが、下水処理場は設けません。一

般的には開渠で排水するため、既存排水路の改築、改良で多く行われています。

雨水流域下水道

　終末処理場を持つ複数の公共下水道の雨水のみを排除する下水道で、雨水の流量調節施設を持っています。

特定環境保全公共下水道

　公共下水道が対象としている都市計画区域以外の区域で、観光客などによる水質汚濁から湖沼や水道水源の水質保全を行い、さらに、その地域住民の生活環境改善を目的としている下水道です。処理場を持つ場合と、流末にある他の公共下水道へ接続する場合があります（図 1-10-1）。

図 1-10-1　公共下水道

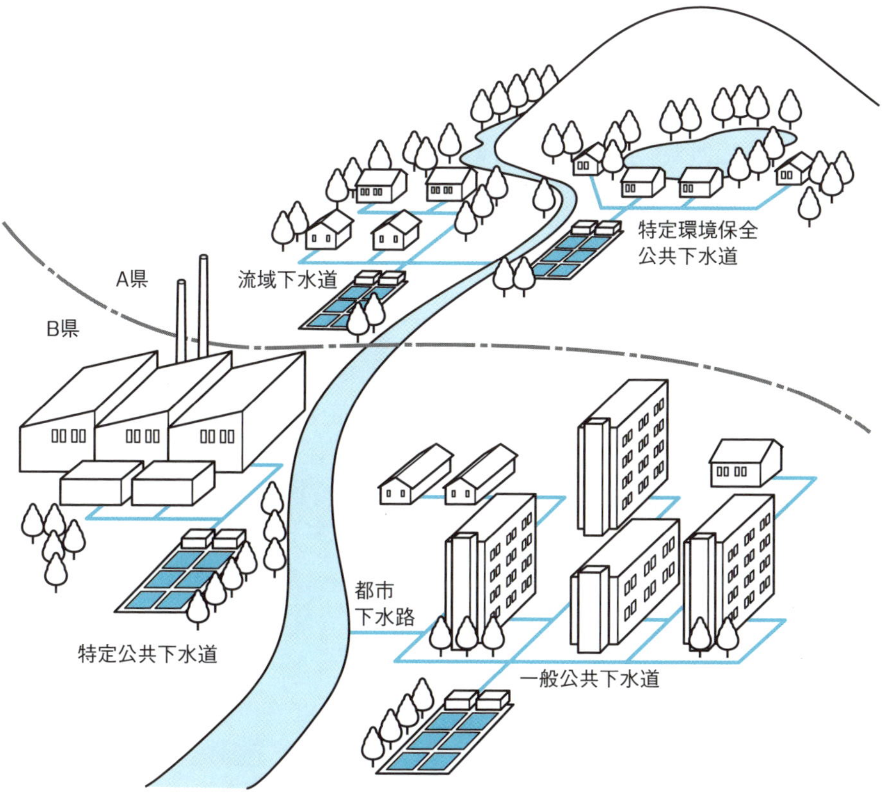

●下水道類似施設

下水道類似施設には、次の種類があります（図1-10-2）。

集落排水施設

集落排水施設は、農林漁業を営む集落の生活排水や畜産排水などを対象に管路施設と汚水処理施設により水質汚濁防止、水洗化の促進を行う下水道で農業、林業、漁業の3種類に分類できます。

維持管理は、市町村または地元住民の組合などが行っています。公共下水道が比較的大規模に汚水を収集し処理を行うのに対し、集落ごとに小規模な処理場を設置し、地域の中で分散して下水処理を行うのが特徴です。多くの集落排水は、工業排水を含まないので、発生する汚泥は有機肥料や土壌改良材として農地還元するのに適しています。

コミュニティプラント

コミュニティプラントとは、市町村が一般廃棄物処理計画にもとづき設けた、屎尿と生活雑排水をあわせて処理する比較的小規模な汚水処理施設のことです。しくみは、合併浄化槽とほぼ同じです。一般的に公共下水道が整備された場合、各利用者は、下水管への接続義務が生じますが、コミュニティプラントにはこの義務がありません。

合併処理浄化槽

合併処理浄化槽とは、「屎尿及び雑排水を処理し、公共下水道以外に放流するための施設」（浄化槽法第2条第1号）と定められ、各戸ごとに設置し、屎尿と生活雑排水（炊事、風呂、洗濯など）をあわせて処理する設備です。

公共下水道の供用が開始された場合は、排水区域内の浄化槽は、汲取り便所と同様に施設を廃止して下水を公共下水道に流入させ、下水道料金を下水道管理者に支払うことになります。

図 1-10-2　下水道類似施設

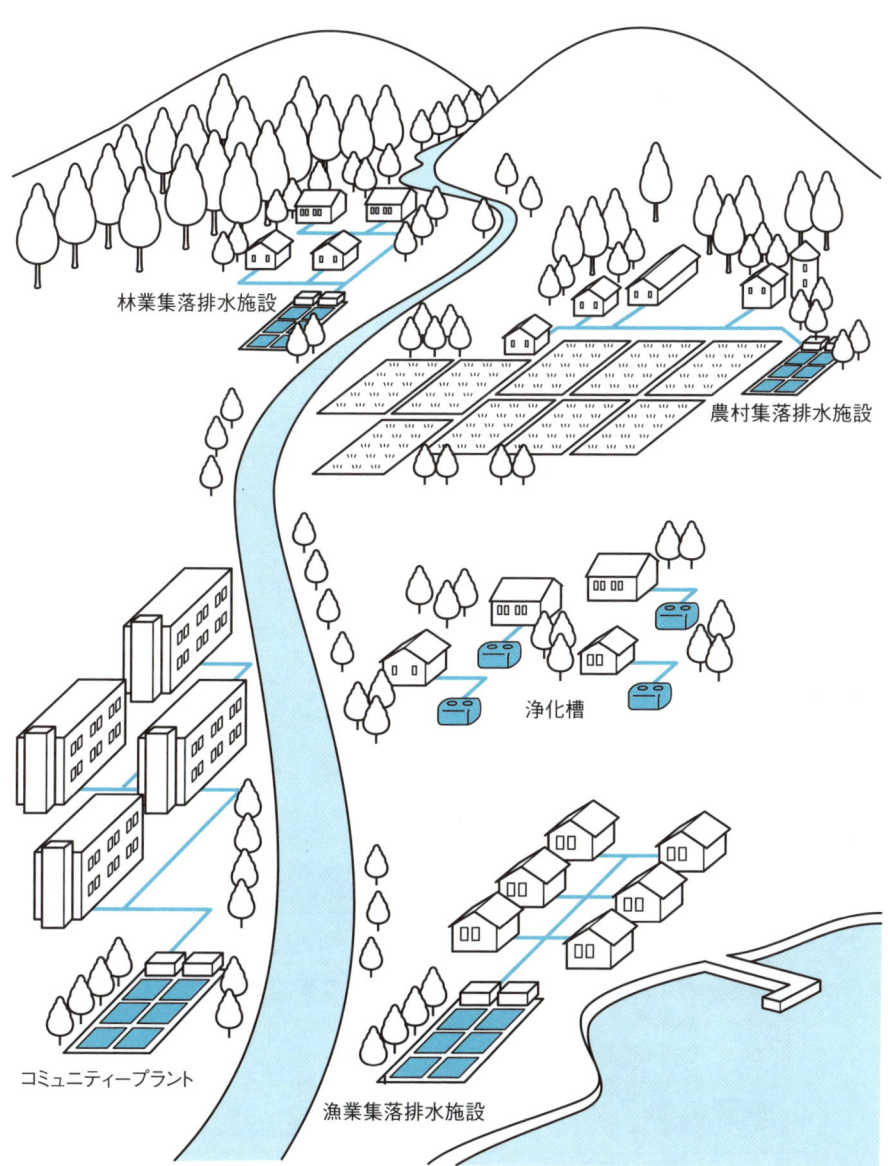

1-11 浄化槽のしくみ

●浄化槽の役割

　都市域などの人口密集地区は、下水道の建設が積極的に進められています。

　しかし、人口散在地域や起伏が多い山地などでは、管路延長が長くなる、管の埋設が深くなる、ポンプ設備が必要になる、整備する工期が長期になるなどの理由で、建設費や完成後の維持管理費が高くなります。

　このため、費用対効果を比較した場合、下水道による広域的な整備ではなく「個別の汚水処理」が効率的な場合があります。

　この場合、浄化槽が多く利用されます。浄化槽は、浄化槽法で、「便所と連結して屎尿及びこれとあわせて雑排水（工場廃水、雨水その他の特殊な排水を除く）を処理し、公共下水道以外に放流するための設備又は施設」と定められています。工場排水や雨水排水は、対象とせずに、炊事、風呂、洗濯などの生活雑排水と水洗トイレの屎尿を処理します（図1-11-1）。

　公共下水処理場の処理水と同等の水質が得られ、施工も短期間に行うことができ、かつ、比較的安価に設置できるため、下水道未整備地区の人口散在地域における有効な生活排水処理です。

図 1-11-1　浄化槽のしくみ

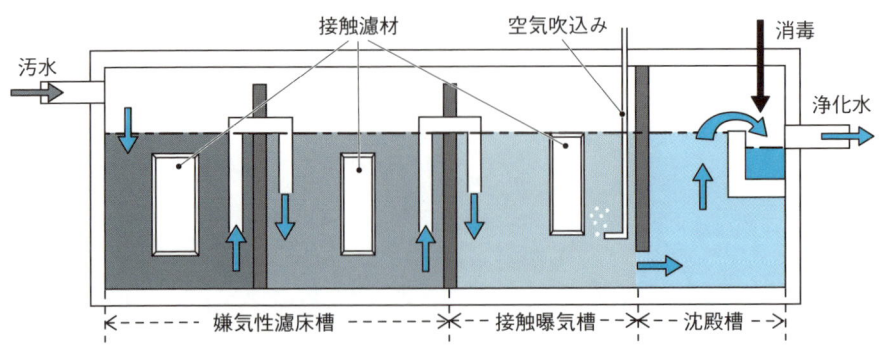

嫌気性濾床槽：嫌気性微生物により有機物を分解する
接触曝気槽：空気を吹込み好気状態とし、微生物により有機物を分解する

●浄化槽の設置数

2010年3月の環境省のデータによる浄化槽の設置状況は次の通りです。（表1-11-1）

浄化槽は、トイレの水洗化のニーズにあわせて普及してきた傾向にあり、当初は、水洗トイレの屎尿処理のみを行う単独処理方式でした。その後、未処理で放流されていた生活雑排水を屎尿とあわせて処理する合併処理浄化槽の普及が進みました。2001年に浄化槽法が改正され、公共用水域の水質保全の観点から単独処理方式の新設は禁止されました。

しかし、既設の単独処理方式は、浄化槽全体の約65％を占めています。そのため、自治体によっては、生活雑排水による水質汚濁対策として、既設の単独処理から合併処理への転換する際、費用の一部を補助する制度を定め、合併処理方式への切り替えを進めています。

表 1-11-1 浄化槽の設置数

方式	設置数	前年度との比較
単独処理方式	約545万	－18.9万
合併処理方式	約290万	＋12.6万
合計	約835万	－6.2万

（環境省HPより作成）

●浄化槽の性能と構造

浄化槽法により浄化性能は、BOD除去率90％以上、放流水のBOD濃度20mg/ℓ以下となっています（BOD⇒P.39）。1人が1日に排出するBODは、通常、屎尿から13g、生活雑排水が27g、合計40gです。浄化槽に流入する水量は、約200ℓ、BOD濃度は200ppmになります。したがって、BOD除去率90％の場合、方流水のBODは20ppm、量は4gとなります。

この性能を確保するため、浄化槽の構造基準に関しては、建築基準法の定めにより、国土交通大臣から告示されています。この構造基準にもとづき制

作された処理方式が構造基準法式です。しかし、汚水の処理技術は、日々進んでいます。水処理メーカーの中には、構造基準法式以外の方式を開発している場合があります。この場合は、大臣が当該方式の性能の評定を行い優れていれば、「構造基準と同等の性能がある」と認定されます。この方式で市場に出ているのが、性能評定方式です。

浄化槽には、嫌気濾床接触曝気方式、分離接触曝気方式、接触曝気方式、長時間曝気方式、標準活性汚泥方式などの方式があります（図 1-11-2）。

また、浄化槽を設ける地域によっては、下水道整備地区と同様に放流水のBOD 値が 20mg/ℓ を下回る場合や、窒素、リン、COD（⇒ P.41）などの水質項目についての規制もあります。このような厳しい規制に対応するためには、浄化槽の基本的な処理機能である生物処理に付け加え、3 次処理施設である凝集沈殿、砂濾過、活性炭吸着などの装置が併設されます。この点は、公共下水道の下水処理場と同様です。

公共下水道と異なり、浄化槽は私有物ですから、使用する者は、浄化槽の機能を正常に維持するため環境省令で定めている浄化槽清掃や、保守点検の技術基準を遵守しなければなりません。

図 1-11-2　おもな浄化槽の種類

分離接触曝気方式

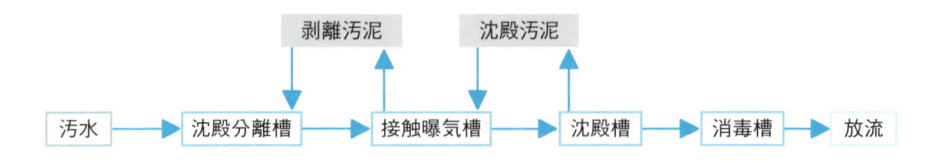

汚水 → 沈殿分離槽 → 接触曝気槽 → 沈殿槽 → 消毒槽 → 放流

（剥離汚泥、沈殿汚泥）

処理対象人口が 5〜30 人の場合に使用される方式

嫌気性濾床方式

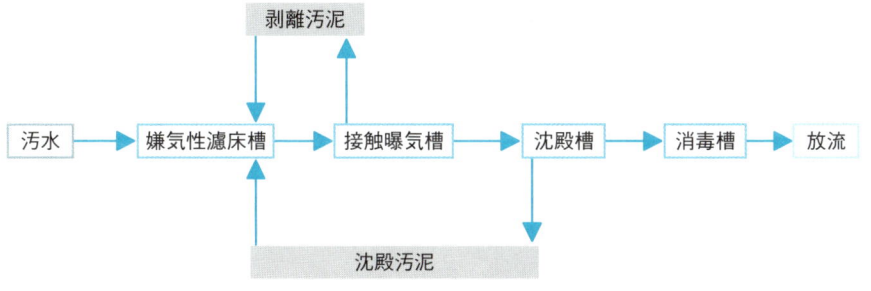

汚水 → 嫌気性濾床槽 → 接触曝気槽 → 沈殿槽 → 消毒槽 → 放流
（剥離汚泥、沈殿汚泥）

処理対象人口が 31 〜 50 人の場合に使用される方式

接触曝気方式

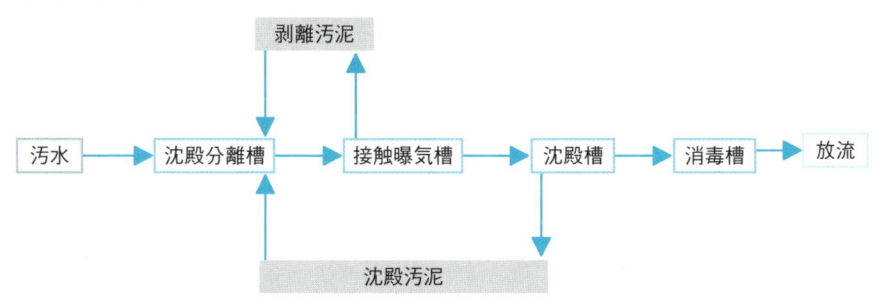

汚水 → 沈殿分離槽 → 接触曝気槽 → 沈殿槽 → 消毒槽 → 放流
（剥離汚泥、沈殿汚泥）

処理対象人口が 51 〜 500 人の場合に使用される方式

標準活性汚泥方式

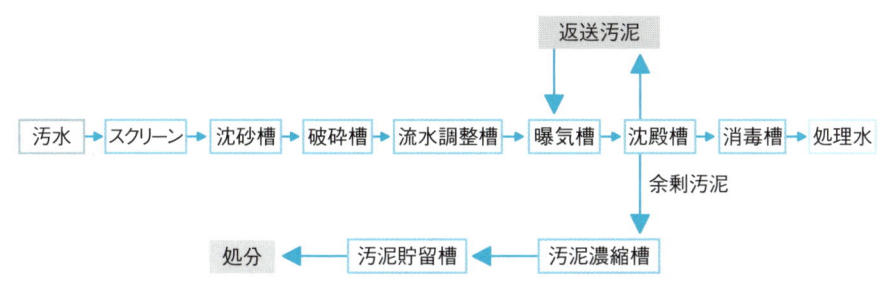

汚水 → スクリーン → 沈砂槽 → 破砕槽 → 流水調整槽 → 曝気槽 → 沈殿槽 → 消毒槽 → 処理水
（返送汚泥、余剰汚泥）
処分 ← 汚泥貯留槽 ← 汚泥濃縮槽

処理対象人口が 5,001 人以上の場合に使用される方式。処理対象人口が 501 人以上の場合には長時間曝気方式が使用される

1・上下水道とは何か？

1-12 上下水道に関わる単位・用語

　上水道や下水道の水質を表す分野では、BODやCODなど日常生活では、聞きなれない用語や単位が使用されています。

　特に単位については、ほんの少量でも健康や環境に影響を与える汚濁物質が多いため、微量を表す単位が使用されます。

● ppm

　我々が日ごろ100に占める比率（百分率）で使用している％（parts per cent：ppc）や1000に占める比率（千分率）の‰（per mille）よりさらに微量な物質の混入を表す単位が使われます（表1-12-1）。

　ppmは、水中や大気中に存在する微量物質の容量や質量を比率で示しています。例えば、ある物質が大気1m³中に1mlまたは1kgの水中に1mg存在する場合は、1ppmで表現されます。

　ppmは、百万分の1を示すparts per millionの頭文字の略です。

　また、1mlは1ℓの1/1000。1ℓは1m³の1/1000です。すなわち、1mlは、1m³の1/1000000（百万分の1）になります。

　比率を表現する単位ですから、容量に対して容量で、質量に対して質量で使用されます。水1ℓ中に物質1mgが存在する場合を1ppmと表現をするのは、水の比重が1であることが前提になります。水の比重が1であるのは、4℃の純水の場合で、水温や含まれる物質によりわずかですが変化します。例えば20℃では、0.99823になります。

　近年、微量な物質が環境や人体に影響を与えていることが分析技術の進歩とともにわかってきました。例えば、カビ臭の原因物質の2-メチルイソボルネオールやジオスミンは、1gの10億分の1の単位ngで表現しています。したがって、水中に存在する微量物質の存在をより厳密に表現するため、最近では、ppmからmg／ℓで表現する場合が増えてきました。

表 1-12-1　微量の存在を表す単位

	百分の1	千分の1	万分の1	100万分の1
読み方	パーセント	パーミル	パーミリアド	ミリオン
単位	％	‰	‰₀	ppm
	10億分の1	1兆分の1	千兆分の1	
読み方	ビリオン	トリリオン	クラッドリリオン	
単位	ppb	ppt	ppq	

● BOD（Biochemical Oxygen Demand）

　近年、川や湖沼で、魚類が死んでいる心痛むニュースが報道されています。原因として、毒性がある化学物質による場合もありますが、多くの場合、酸欠が原因とされています。多くの水生動物にとって、溶存酸素が欠乏し、魚類が生存可能といわれている溶存酸素濃度の3～5mg/ℓを下回ることは、生死に関わります。

　酸欠は、水中への過剰な有機物などの流入が原因です。有機物は、水中で腐敗します。有機物の量が少なければ、水生動物へ影響が無い範囲で分解され（「水の自浄作用」とよばれます）。逆に、自浄作用を上回る量が流入すると多くの酸素を消費します。

　この河川水中での酸素減少量を表したのが、BOD（生物化学的酸素要求量）の値です。例えば、BOD 5 mg/ℓ以下の規制がある川は、排水が水中に放流された際、酸素消費が5 mg/ℓ以下であることを要求されています

　測定方法は、適度に水で希釈した検体（汚水）に、河川や湖沼の水を加えて（水生微生物が含まれている）、溶存酸素を測定します。その検体を5日間、20℃に保存した後、再度、溶存酸素を測定します。検体中の有機物分解により、酸素は減少しています。この減少量から水生微生物自身が消費した酸素を除くと、検体のみによる酸素消費量となります（図1-12-1）。しかし、当初、適度に希釈していますから、例えば2分の1であれば2倍することで検体が河川中において消費する溶存酸素量、すなわちBODの値が得られます。

BODの値は、mg/ℓで示され、この値に水量を乗じるとBOD負荷量になります。この値は、下水処理場の活性汚泥などの生物処理を行う槽の容積設計や運転管理を行う際の重要な指標です。

　しかし、河川への汚濁源は、有機物のほかにBODでは表示できない無機物もあります。さらに、河川の微生物が生息しない海水域での測定は困難です。

図 1-12-1　BODの測定の概念

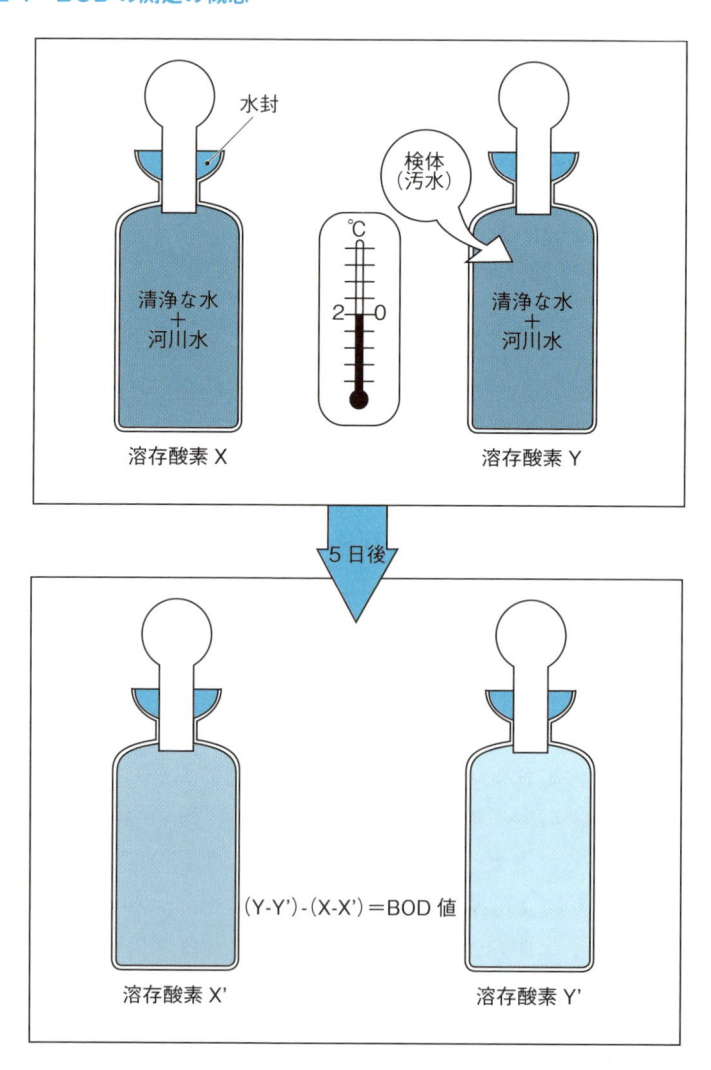

● COD（Chemical Oxygen Demand）

　CODは、検体と過マンガン酸カリウムなどの酸化剤を混合・加熱して酸化した後、残った酸化剤の量から酸化に使用された酸素量（化学的酸素要求量）を求める方法です（図1-12-2）。

　この値には、有機物の他、硫化物や亜硝酸などの無機物が含まれます。

　BODの値は、おもに有機物であるのに対して、CODは、有機物に加え無機物も捉えることができ、検体に塩分が入っていても測定できます。さらに、測定に要する時間は、BODが5日間を要するのに対し0.5時間から2時間と短時間で測定できます。値は、ppmまたはmg／ℓで表示し、通常、値が大きいほど汚染されていることになります。

　現在、公共用水域の水質規制は、河川などはBOD、海域と塩水が混じる湖沼は、CODで行われています。

　BODやCODのどちらにも特徴があり、現在、水質汚濁問題解決の重要な指標です。

図1-12-2　CODの測定の概念

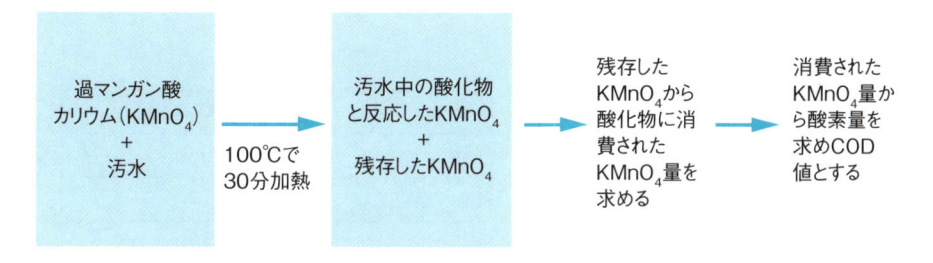

| 過マンガン酸カリウム($KMnO_4$)＋汚水 | →100℃で30分加熱 | 汚水中の酸化物と反応した$KMnO_4$＋残存した$KMnO_4$ | → | 残存した$KMnO_4$から酸化物に消費された$KMnO_4$量を求める | → | 消費された$KMnO_4$量から酸素量を求めCOD値とする |

💡 バーチャルウォーター

バーチャルウォーターとは、食料などを輸入している国が、それを自分の国で生産すると仮定した場合の水量のことです。1990年代にロンドン大学のアンソニー・アラン教授が唱え始めた概念で、「食糧などの輸入は、水を輸入しているのと同じ」という考え方です（表1-A）。

日本の輸入量から換算したバーチャルウォーター量は、約800億㎥で、日本国内の使用水量とほぼ同じといわれています。

日本の食料自給率は、約40％です。この値を「もっと高くすべき」という意見もあります。40％の生産のために使用している農業用水は、現在、約550億㎥です。単純に計算しますと10％上げるために約140億㎥の水が必要となります。日本国内の水資源利用率は、約20％です。

水を今以上に利用するためには、水利用の合理的化は、当然としても、ダムを始め多くの水利用施設が必要になり、費用と労力が掛かります。

海外では、特に発展途上国の水不足は、深刻です。生活用水や農業用水が欠乏しています。そういう状況下で、生産され日本へ輸出してきた様々な食料品。バーチャルウォーターの輸入により海外の水問題と日本は深く繋がっています。

表 1-A　生産に必要な水量

名称	単位	使用水量（ℓ）
鶏肉	300g	1350
豚肉	300g	1770
牛肉	300g	6180
食パン	1斤（300g）	480
ごはん	茶碗1杯（75g）	278
みかん	1ヶ	37.4
とうもろこし	1ヶ	86.8
パイナップル	1ヶ	752

第2章

上水道のしくみ

山々の渓流や湧水から集められ、さらにきれいにされた水道。
国全体どこの水道でも厳しく守られた水質。
どのような方法で浄化され利用者に
届けられているのでしょうか。

2-1 美味しい水

●美味しい水の要素

美味しい水の要素として、次のようなことがいわれています。

臭気

水道水と湧水を飲み比べた時に影響するのが、消毒に使われた塩素の匂いです。塩素の臭いは、水道離れの原因のひとつですが、塩素は、飲む人の安全のために必要不可欠なものです。実は、衛生上の観点から水道法で水道水の蛇口における、塩素の量が決められています。したがって、水源地の汚染が多いと塩素注入量も増加し、その結果、塩素臭がでる場合があります。

また、藻類やカビ臭さも指摘されます。カビ臭や藻臭は、ダムや湖沼などの水道水源に、富栄養化により藍藻類や緑藻類などの植物プランクトンが発生した際に生じます。カビ臭などは、アナベーナ、オッシラトリアなどの藍藻類から放出されるジオスミン、ジメチルイソボルネオールなどが原因です。

含まれているミネラルの種類と量

カルシウム（Ca）、マグネシウム（Mg）などのミネラルの量とバランスが、苦みや淡白さの味になります。ミネラル分が多い水は、硬水。少ない水は、軟水とよびます。硬度は、以下の計算式で計算することができ、表2-1-1によって換算します。

総硬度（mg／ℓ）＝（Caの量（mg／ℓ）× 2.5）＋（Mgの量（mg／ℓ）× 4）

硬度は、地質に左右される場合が多く、日本では、沖縄や一部の土地を除き多くの場合、軟水や中程度の軟水です。しかし、日本で輸入・販売されているヨーロッパの水は、その多くが硬水です。

水の美味しさは、飲んだときの良し悪しのみでなく、料理の味や日本酒の飲み心地にも影響しています。うどん、そば、こんにゃく、豆腐などは、癖が無い軟水で味が決まるといわれています。

また日本酒では、硬水で仕込まれると辛口の酒。軟水で仕込まれると甘口

の酒になるといわれています。水中の硬度が高いと発酵が早く進み糖度が少なく、逆に、硬度が低いと発酵が遅く糖度が多くなり甘口の酒になります。

炭酸の量

地下水や湧水には適度な炭酸が含まれていて、飲むと爽やかな味になります。

温度

生ビールを飲む時、適度に冷やしていないと美味しくないように、水も10〜15℃が適温とされています。

当然のことながら、水が美味しいと感じるのは、味の要素のみでなく、飲む際の渇きの程度や体調、周辺の気温などの要素があります。

美味しさに関する臭気、味、外観について、国の水道水の水質基準があり、表2-1-2のように定められています。その数値に対して水道事業体では独自により厳しい目標値を掲げて美味しい水づくりに努力しています。

表2-1-1 硬度による水の区分

総硬度	程度
0〜60未満	軟水
60〜120未満	中程度の軟水（中硬水）
120〜180未満	硬水
180以上	非常な硬水

表2-1-2 水道水の水質基準値

目的	項目	国の水質基準値	東京都の水質目標値
臭気	残留塩素（mg／ℓ）	0.1以上1.0以下	0.1以上0.4以下
	トリクロロラミン（mg／ℓ）	—	0
	臭気強度（TON）	3以下	1以下
	2−メチルイソボルネオール（ng／ℓ）	10以下	0
	ジエオスミン（ng／ℓ）	10以下	0
味	有機物（TOC）（mg／ℓ）	3以下	1以下
外観	色度（度）	5以下	1以下
	濁度（度）	2以下	0.1以下

2-2 水道の全体システム

●取水から浄水場へ

　緑豊かな山の降雨水は、いつしか渓流となり、支流を集めて川になります。その川は、ダムがあればそこで貯水されます。降雨水の中には地下に浸透し、湧き水となり川や湖沼をつくるものもあります。水道の水は、このような川や湖沼、地下水から取水することで始まります。川や湖沼からの取水は、取水堰（しゅすいせき）や取水塔で行います。取水された水は、地表に設けられた導水路または地中の導水管で、一旦貯水池に貯水し、そこから浄水場へ送水されますが、貯水池を経ないで直接浄水場へ送水されることもあります（図2-2-1）。

●浄水場

　浄水場では、粗いゴミなどをスクリーンで取り除いた後、いよいよ浄水の作業過程に入ります。まず、水は、凝集剤が添加された後、凝集沈殿槽に流入し、凝集された微細なゴミ類は沈殿します。上澄み水は、次の濾過槽（ろかそう）に送られ濾過されます。通常は、この段階で飲める水になります。しかし、近年、美味しい水へのニーズも多く、これに対応してオゾン接触槽、活性炭吸着槽を経させる高度浄水処理を行うこともあります。

　濾過された水には、塩素を注入して消毒を行います。塩素の量は、利用者のもとに届くまでの間に細菌類が発生しないよう配慮されています。消毒された水は、配水所または給水所とよばれる施設に配水します。

　利用者へ、安全な水を給水するため、水道法で水質基準が定められていますが、この基準を満たしているかを確認するため、浄水場では水質検査を行っています。

●浄水場から配水所へ

　水道利用者の水使用量は、季節、時間、天候などにより絶えず変化します。それに対応するため、配水所では一時的に水を貯水します。水道の水圧は、「水

道施設の技術基準を定める省令」により、0.15MPa以上、0.74MPa以下の水圧を加えることになっています。このため、配水所で送水量や水圧を調整し、配水本管から枝管を経て配水します。

●配水所から利用者へ

利用者へは、配水枝管から給水管が分岐され、水道メーターにより水量を測定した後、給水されます。各利用者は、給水管の口径と測定した水量（使用量）に応じて、料金を支払います。

利用する場所が、水圧の低くなる高台や枝管の端末の場合は、水量を調整し、安定した給水を受けられるようにする必要があります。そのために、受水タンクや高架水槽または、揚水ポンプを設置する場合があります。この場合、給水管の水道メーターまでが、水道事業者の所有で、受水タンク以降は、所有者が管理を行います。

図2-2-1　水道の全体システム

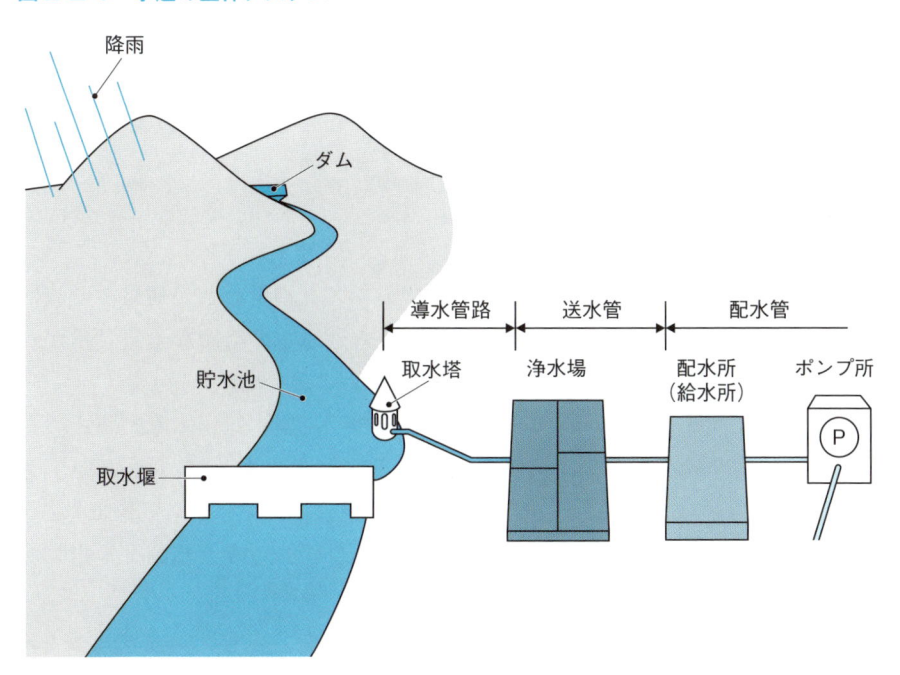

2-3 水道の水源

●水源の種類と水量

　日本は、海や川、山地などに挟まれたわずかな平地に多くの産業や生活水準が高い市街地が形成されています。ここで使用される水道の水源は、ダム、河川・湖沼の表流水や地下水、湧き水などが利用されています。しかし、水道の需要を安定的に満たすためには、ひとつの水源で必要水量を確保できる例は少なく、複数の水源を利用しているのが多くみられます。

　2010年度の日本における上水道水源の取水量は、約160億トンです。

　日本の水資源開発の主体であるダムは、近年、建設の必要性が論じられてます。河川豊水時の余剰水を貯水し、下流の水量が減少した際に放流します。これにより下流河川の流量の平滑化を行い、ダム本体と下流河川での安定的な取水が可能になります。このため、水道取水源の約半分を占めています。

　河川は「河川中流部の水を利用する取水堰」、「河口付近で海水の遡上を阻止し、その阻止した容量分の上流からの淡水を貯留する河口堰」の2種類があり、あわせて取水源の約1/4を占めています（図2-3-1）。

●水源の保全と保護活動

　水源水の水質は、有機物、化学物質、ウイルス、細菌などの病原菌や放射線などによる汚染が無い物とされています。水道原水の清浄な水質と量が長期的に確保されるよう水源保護の法律が定められています。

　この法律は水源二法といわれ、環境省所管の「特定水道利水障害防止のための水道水源水域水質保全に関する特別措置法（水道水源法）」と、厚生労働省所管の「水道原水水質保全事業の実施の促進に関する法律（水道原水法）」があります。水道水源法は、公共用水域の水質目標の達成と施策を規定しています。

　水道原水法は、水質保全事業促進の具体的事項を規定しています（表2-3-1）。

水道水源保護のため、自治体や住民団体により次の様な活動が行われています。
①水源林の保全。
②地下水保全などの条例要綱の制定。
③水源林の整備などのための基金運営。
④水源涵養林の取得や管理。
⑤流域の関係者などによる流域協議会。
⑥水源上流域の合併処理浄化槽整備などの排水処理施設整備への援助など。

図2-3-1　水源ごとの取水量

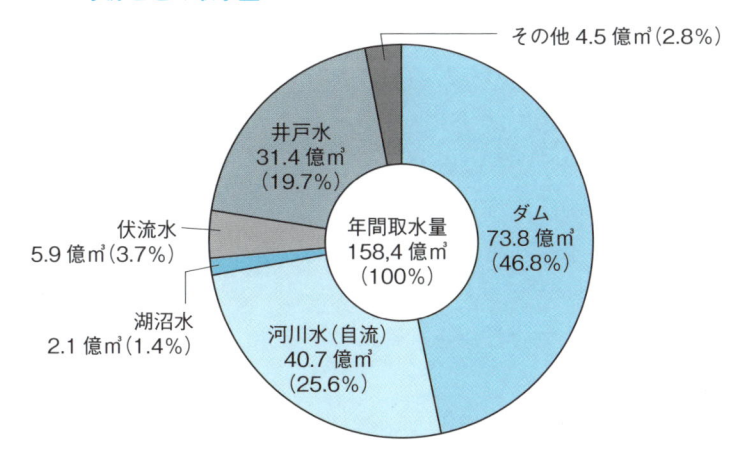

- その他 4.5億㎥（2.8％）
- 井戸水 31.4億㎥（19.7％）
- 伏流水 5.9億㎥（3.7％）
- 湖沼水 2.1億㎥（1.4％）
- 河川水（自流）40.7億㎥（25.6％）
- ダム 73.8億㎥（46.8％）
- 年間取水量 158.4億㎥（100％）

表2-3-1　水源二法

略称	水道水源法	水道原水法
趣旨	公共用水域の水質目標達成とその施策を定めた	水質保全事業を促進する費用負担など具体策を定めた
適用範囲	水道水源域に影響がある水系全体	水源の汚濁により影響を受ける取水場所から約15〜20kmの範囲
計画策定	内閣総理大臣の指定を受け、都道府県知事が水質保全計画策定	都道府県、河川管理者は、主務大臣の方針にもとづき実施計画策定
事業範囲	対策などの総合計画策定、調査研究、排水規制、啓蒙活動などの実施	対策事業の実施（下水道、屎尿処理施設、浄化槽、家畜糞尿堆肥化施設整備などの事業）

2-4 地域特性による給水事情

●水源確保が困難な地域

　良質な水道原水を得るには、豊かな森林地から流れ出す河川や清浄な水をたたえた湖沼、取水しやすい地下水脈が必要です。しかし、全国の約300ヶ所もの離島や三方を海に囲まれ面積が乏しい各地の半島においては、なかなか安定的な水源の確保が困難です。

　離島振興法などで指定された離島の住民は、離島統計年報（2010年版）によると全人口約672,110人のうち約664,380人が生活用水を水道による給水を受けており、水道普及率は98.8％です。また、水道以外の水を利用している住民約7,730人（1.2％）もいます。利用内訳は、井戸水4,670人、流水・涌水3,000人、降雨水70人です。

　離島が利用している水道水源は、近隣地域から導水可能であれば次の方法で取水がされています。
　①その地域から海底に敷設した送水管による送水。
　②給水船による運搬。
　③橋を作り水道管を架設して送水。

　また、近隣地域から水を搬入できない離島は、島独自で地下水、湧水、雨水、海水などを水源とした簡易水道事業により住民に給水しています（図2-4-1）。

●島独自で水源確保した具体例

　山や川がほとんど無い沖縄県宮古島においては、水道が普及するまでは、生活用水を洞井という地下深くの水汲み場（図2-4-2）で地下水を取水していましたが、地下ダムを1998年に完成させ水道水源を確保することができました（図2-4-3）。また、2009年には、島の「地下水の保全と適正な利用と利用者の合理的な水利用の努め」などを定めた「地下水保全条例」が制定され、水道水源保全地域で地下水に影響がある事業は、事前に市と協議します。また、排水水質の値が示されたため、住民も生活排水や肥料・農薬の使用に

配慮しています。

図 2-4-1　離島の水道取水量の状況

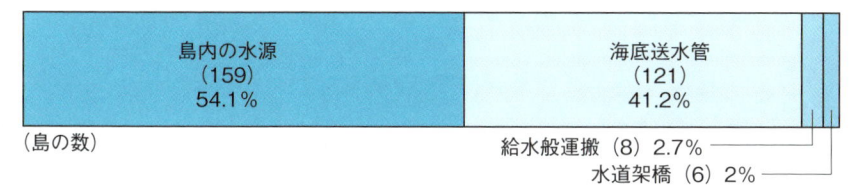

| 島内の水源
(159)
54.1% | 海底送水管
(121)
41.2% | | |

(島の数)　　　　　　　　　　　　給水般運搬 (8) 2.7%
　　　　　　　　　　　　　　　　水道架橋 (6) 2%

((財)日本離島センター「離島統計年報（2010年版）」をもとに作成)

図 2-4-2　洞井の断面

洞井は、近隣住民の貴重な命の泉である。隣接地に御嶽（うたき、本土でいう氏神様）を祭り大事にしていた

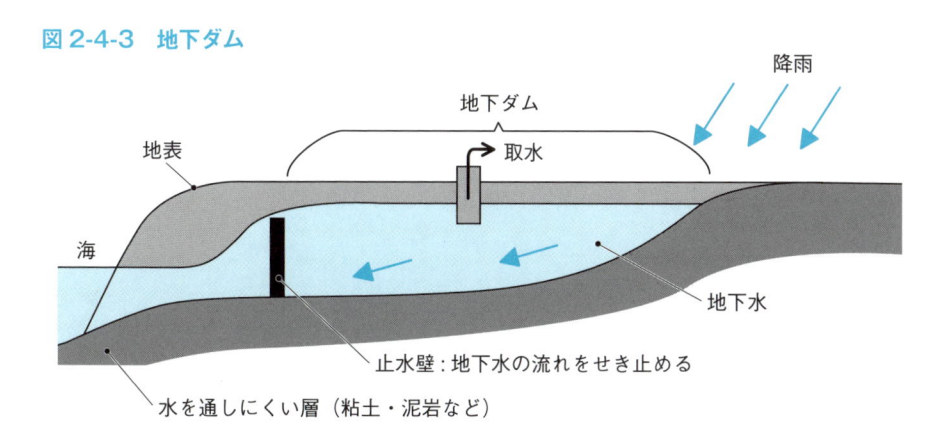

図 2-4-3　地下ダム

2-5 浄水処理の流れ

●通常の浄水処理

　河川や湖沼から取水された原水は、浄水場で浄化され水道水として利用者へ送られます。

　浄水場では、次のような浄化の過程を経ます（図2-5-1）。

　浄水場に送られてきた原水は、まず、着水槽に入り、スクリーンでゴミや土砂が取り除かれます。原水には、水中の濁りの原因である様々な懸濁物（水の濁りの原因）が混入しています。これらは、静置しておくと自然に沈殿していくものと何時までも浮遊しているものがあります。

　原水は、懸濁物を取り除くため、撹拌池に入り凝集剤を添加されます。フロック形成池では、ゆっくりと撹拌しながら凝集剤と水中の懸濁物が結合し、フロック化します。その後、凝集沈殿池に送られます。

　凝集沈殿池では、フロックや微細な砂類を沈殿させ、上澄み水は、濾過池に流入され、濾過が行なわれます。濾過池は、砂などを層状に敷いた構造で、凝集沈殿では除去できなかった微細な浮遊物を除去します。

　この後、消毒のために、塩素混和池に送られ濾過された水へ塩素を注入し、混和された後、配水所（給水所）へ送水します。

　凝集沈殿池で発生した沈殿物は、汚泥といわれています。水を浄化することは、水の中の物質を取り除くことですから、どうしても汚泥のような発生物があります。この汚泥の取扱いは、浄水処理過程の重要な作業です。汚泥は、水を多く含むため、濃縮や機械による脱水により、含水率を下げ、容積を減らした後、土壌改良剤などで再利用を行っています。

●高度浄水処理

　さらに、水の浄化の程度を上げる場合は、オゾンに接触させ、微量の懸濁物を酸化分解したあと、活性炭が充填された槽を通過させる高度処理を行います。一時期、水道水が、原水に起因する藻類やカビ臭が話題になりました

が、高度処理を行うことで対処されています（図 2-5-2）。

図 2-5-1　浄水処理の流れ

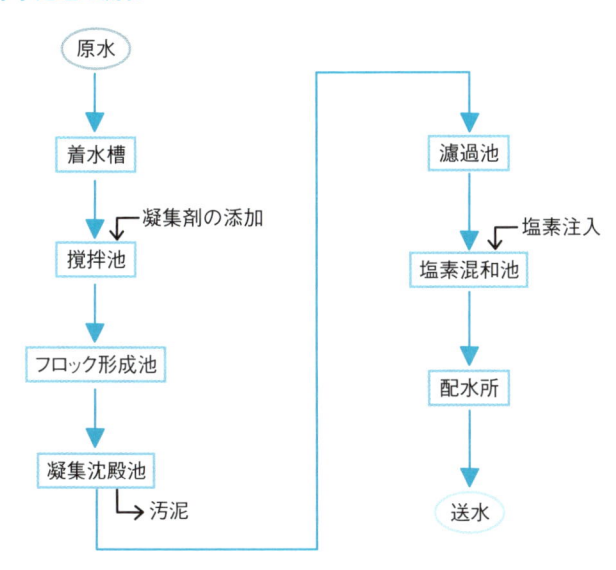

```
原水
 ↓
着水槽
 ↓ ←凝集剤の添加
撹拌池
 ↓
フロック形成池
 ↓
凝集沈殿池
 ↓ →汚泥
濾過池
 ↓ ←塩素注入
塩素混和池
 ↓
配水所
 ↓
送水
```

図 2-5-2　高度浄水処理の流れ

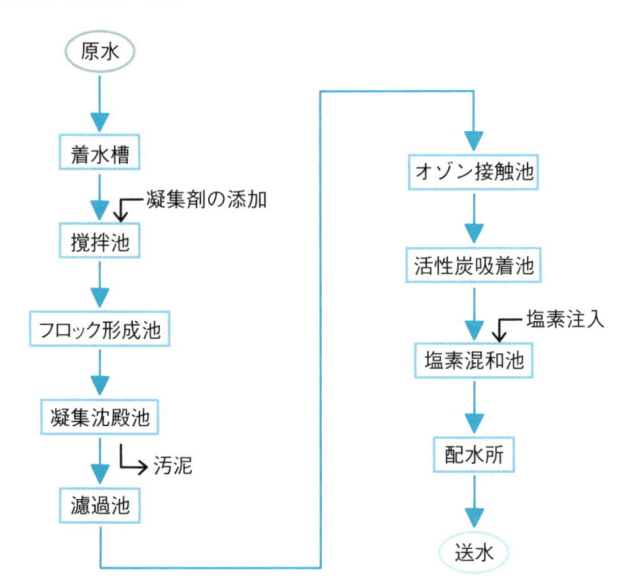

```
原水
 ↓
着水槽
 ↓ ←凝集剤の添加
撹拌池
 ↓
フロック形成池
 ↓
凝集沈殿池
 ↓ →汚泥
濾過池
 ↓
オゾン接触池
 ↓
活性炭吸着池
 ↓ ←塩素注入
塩素混和池
 ↓
配水所
 ↓
送水
```

2-6 凝集・沈殿池

●凝集剤の役割

　浄水場に入ってきた原水には、プランクトン、藻類、不溶性の有機物や地質に由来するコロイド状の懸濁物が多く浮遊しています。これらは、普段はマイナスの荷電をしており、粒子同士が反発しあっています。このため、比重がある砂礫や砂のように沈殿だけでは取り除くことができません。

　そこで凝集剤の出番です。凝集剤は、硫酸バンドやポリ塩化アルミなどの薬剤で、一定のpHの範囲内で補助材とともに使用します。プラスの荷電をした凝集剤が浮遊物と反応し、マイナスとプラスが打ち消された中和状況になり、反発をなくす効果があります（表2-6-1）。

　原水は、急速撹拌池で凝集剤を注入し、プロペラやパドルを用いた撹拌装置（フロッキュレーター）で撹拌します（図2-6-1）。フロック形成池で浮遊物は、凝集剤の効果により綿毛のようなフロック状に凝集し、さらに、他の浮遊物などを吸着し比重が重くなります。この結果、沈殿池で沈殿しやすくなり、上澄みと沈殿物に分離され、上澄み水は濾過池に送られます。

●重要な沈殿物の処理

　沈殿した汚泥は、沈殿池底部に設けられた汚泥を引抜く管から汚泥濃縮槽へ送られます。汚泥は、99%程度の含水率で、容積を占めるため、その処分は、まず、水を減らすことから始めます。濃縮槽の中で、汚泥は、下に沈殿し、濃縮され容積を減らします。上澄み水は、槽の上部に設けられた管から、通常は、着水井へ送られ浄水処理の系統へ戻ります。濃縮された汚泥は、まだ、含水率が高いため、天日乾燥方式や機械脱水方式により、さらに含水率を下げます。

　天日乾燥方式は、露天に汚泥を広げて、天日により水分を蒸発させ汚泥を乾燥させる方法で、コストがかからない反面、面積を要するため、都市部に立地する大規模な浄水場では、不利な方法です。

機械脱水方式は、真空脱水方式、加圧脱水方式、遠心脱水方式があります。機械脱水方式は、設備費や動力費などでコストが掛かる反面、敷地面積を要しない室内に設置できるため、臭気の拡散がふせげます。このため、比較的規模が大きい浄水場で採用されています。このような方法で含水率50％程度にされた汚泥は、埋立てや土壌改良材などに使用されています。

表 2-6-1　凝集剤の種類

名称	使用目的	薬品名称
凝集剤	表面電荷の中和	硫酸アルミ（硫酸バンド）、ポリ塩化アルミ（ＰＡＣ）
アルカリ剤	ｐＨ調整	苛性ソーダ、消石灰、ソーダ灰
凝集補助剤	架橋作用促進	活性珪酸、アルギン酸ソーダ

架橋作用：同一の高分子化合物が結合し分子量が大きい化合物をつくる作用

図 2-6-1　撹拌方式

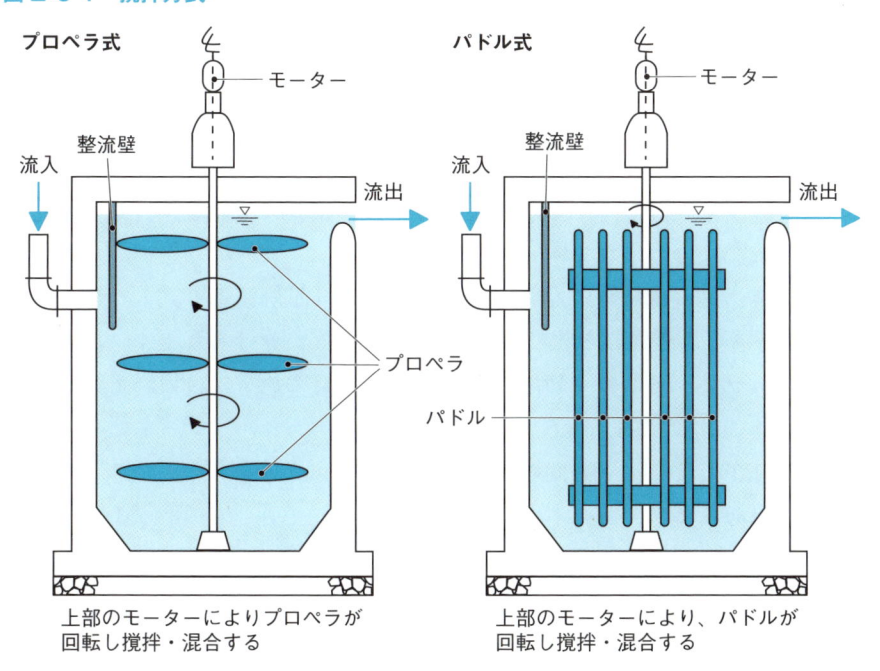

プロペラ式

上部のモーターによりプロペラが回転し撹拌・混合する

パドル式

上部のモーターにより、パドルが回転し撹拌・混合する

2・上水道のしくみ

2-7 濾過池

●濾過の役割

　濾過池では、凝集沈殿池の上澄み水の中に、まだ残っている微細な浮遊物の除去を行います。濾過を行う砂層は、直径数mmから30mm程度の砂利を敷き、その上部に1mm以下の砂が充填されています。層の厚さは、数十cmから1.3m程度です。

　微細な浮遊物は、上部の表層で捕捉されたり、砂層内を通過する際に濾材に付着している微生物などに吸着され浄化されます（図2-7-1）。

　長時間濾過を続けると濾材の表面や濾材の空隙が浮遊物による「目詰まり」を起こします。この場合、濾過層の表面の浮着物をかき取ったり、下から上に向けた激しい水流で濾材を洗浄します。洗浄が終わり静置すると、濾材は、それぞれの比重に従い沈殿し、もとの層に戻ります（図2-7-2）。

●濾過の方式

　濾過池は、古代の水道においても使用されていた、歴史ある浄化方法で、様々な方式があり、濾過する水の流速の違いにより「緩速濾過方式」と「急速濾過方式」に分けられます（表2-7-1）。

　また、濾過材（濾材）の違いにより砂だけの「単層濾過方式」や砂とアンスラサイト（石炭を砕いた物）の「複層濾過方式」に分けられます。濾過材は、砂とアンスラサイトが多く使用されます。濾過材の比重は、砂は、2.57～2.67、アンスラサイトは、1.4～1.6です。

　水の流れが上または下方向の違いによる「下向流濾過方式」と「上向流濾過方式」があります。

図 2-7-1　濾過機能

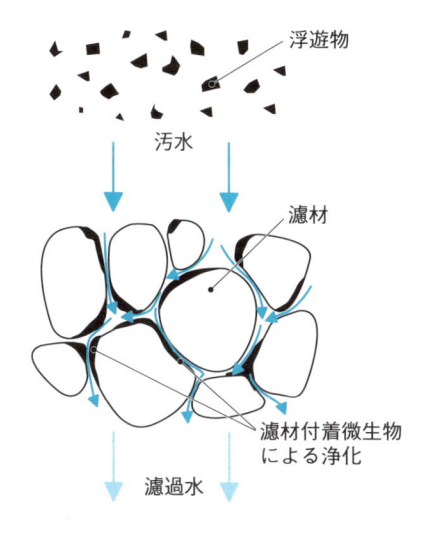

図 2-7-2　濾過槽

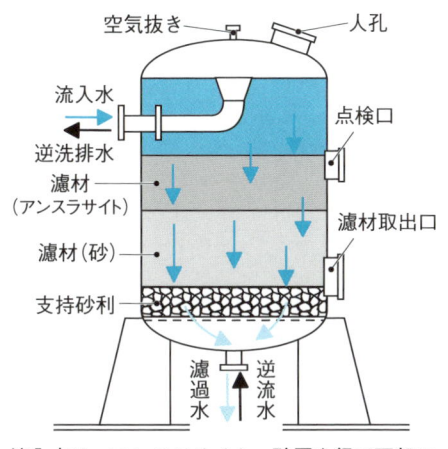

流入水は、アンスラサイト、砂層を経て下部に。集水目詰りが起きると下部から逆洗

表 2-7-1　濾過方式の種類

	急速濾過方式	緩速濾過方式
濾過速度	100〜120（m／日）	3〜6（m／日）
濾過装置の規模	小規模になる	大規模になる
流入水量・水質変動への緩衝効果	緩衝効果少ない	緩衝効果大きい
濾過砂層による浄化性能	砂層内の生物膜が少なく、浄化機能は大きくない	砂層の表面から20〜30cm下層まで微生物が付着。にごりや細菌、藻類、油、アンモニア性窒素、有機物、異臭味、鉄やマンガンなどを除去。病原菌も除去されるケースが多い
濾過した水の味	普通	良質
塩素注入量	必須	少量ですむ

2-8 水質基準と検査

●水道水の水質

　飲料水の味は、水の中から含有物をすべて取り除いても美味しくはなりません。また、人の健康のためには、水に含まれるコバルト（Co）、マンガン（Mn）、銅（Cu）、亜鉛（Zn）、クロム（Cr）などのミネラルは、必要要素です。しかし、含まれる量は、微量であって多量では逆効果です。含有する物質ごとにこの量は異なります。この適量を定めたのが、水質基準です。

●水質基準値

　水道水の品質を一定以上に保つために、水道法第4条で「厚生労働省令に規定する水質基準に適合する事」とされています。この基準は、水環境の変化、分析技術の向上、新たに問題となる微生物や化学物質の存在、利用者の嗜好の変化などの理由で、おおむね10年ごとに内容の見直しが行われ、直近では、2003年に行われています。
　この水質基準は、水質基準項目（表2-8-1）、水質管理目標設定項目、要検討項目の三本柱で構成されています。

●水質検査の場所

　水質検査は、原水の水質のほか、浄化施設の各処理工程ごとに行っています。
　取水源であるダムや河川・湖沼においてゴミや廃油、農薬などの不法投棄が行われ、水源が汚染される恐れもあります。そのため、「定期水質調査や水質試験車によるパトロール」で水質測定を行い、水質異常の監視が行われています。
　浄化後の水については、水質汚染に対する抵抗力が人より弱い魚を使用して、いわば魚による毒見を行う「魚類による水質検知用水槽」や「自動水質測定計器」による常時監視がされています。

表 2-8-1 水質基準項目および基準値

番号	項目	基準	番号	項目	基準
1	一般細菌	1mlの検水で形成される集落数が100以下	26	総トリハロメタン	0.1mg/ℓ以下
2	大腸菌	検出されないこと	27	トリクロロ酢酸	0.2mg/ℓ以下
3	カドミウムおよびその化合物	カドミウムの量に関して、0.003mg/ℓ以下	28	ブロモジクロロメタン	0.03mg/ℓ以下
4	水銀およびその化合物	水銀の量に関して、0.0005mg/ℓ以下	29	ブロモホルム	0.09mg/ℓ以下
5	セレンおよびその化合物	セレンの量に関して、0.01mg/ℓ以下	30	ホルムアルデヒド	0.08mg/ℓ以下
6	鉛およびその化合物	鉛の量に関して、0.01mg/ℓ以下	31	亜鉛およびその化合物	亜鉛の量に関して、1.0mg/ℓ以下
7	ヒ素およびその化合物	ヒ素の量に関して、0.01mg/ℓ以下	32	アルミニウムおよびその化合物	アルミニウムの量に関して、0.2mg/ℓ以下
8	六価クロム化合物	六価クロムの量に関して、0.05mg/ℓ以下	33	鉄およびその化合物	鉄の量に関して、0.3mg/ℓ以下
9	シアン化物イオンおよび塩化シアン	シアンの量に関して、0.01mg/ℓ以下	34	銅およびその化合物	銅の量に関して、1.0mg/ℓ以下
10	硝酸態窒素および亜硝酸態窒素	10mg/ℓ以下	35	ナトリウムおよびその化合物	ナトリウムの量に関して、200mg/ℓ以下
11	フッ素およびその化合物	フッ素の量に関して、0.8mg/ℓ以下	36	マンガンおよびその化合物	マンガンの量に関して、0.05mg/ℓ以下
12	ホウ素およびその化合物	ホウ素の量に関して、1.0mg/ℓ以下	37	塩化物イオン	200mg/ℓ以下
13	四塩化炭素	0.002mg/ℓ以下	38	カルシウム、マグネシウム等(硬度)	300mg/ℓ以下
14	1,4-ジオキサン	0.05mg/ℓ以下	39	蒸発残留物	500mg/ℓ以下
15	シス-1,2-ジクロロエチレンおよびトランス-1,2-ジクロロエチレン	0.04mg/ℓ以下	40	陰イオン界面活性剤	0.2mg/ℓ以下
16	ジクロロメタン	0.02mg/ℓ以下	41	ジェオスミン	0.00001mg/ℓ以下
17	テトラクロロエチレン	0.01mg/ℓ以下	42	2-メチルイソボルネオール	0.00001mg/ℓ以下
18	トリクロロエチレン	0.01mg/ℓ以下	43	非イオン界面活性剤	0.02mg/ℓ以下
19	ベンゼン	0.01mg/ℓ以下	44	フェノール類	フェノールの量に換算して、0.005mg/ℓ以下
20	塩素酸	0.6mg/ℓ以下	45	有機物(全有機炭素(TOC)の量)	3mg/ℓ以下
21	クロロ酢酸	0.02mg/ℓ以下	46	pH値	5.8以上8.6以下
22	クロロホルム	0.06mg/ℓ以下	47	味	異常でないこと
23	ジクロロ酢酸	0.04mg/ℓ以下	48	臭気	異常でないこと
24	ジブロモクロロメタン	0.1mg/ℓ以下	49	色度	5度以下
25	臭素酸	0.01mg/ℓ以下	50	濁度	2度以下

2-9 消毒の種類と方法

●消毒の必要性

水道原水中の細菌類は、凝集沈殿と濾過を経ると大部分が除去されます。しかし、ウイルスや病原性細菌の一部は残留する可能性があるため、これらを死滅させる目的で消毒を行います。

水の消毒には、塩素による消毒、オゾンによる消毒、紫外線照射による消毒があります（表2-9-1）が、水道法により供給水の消毒には、塩素によることが義務付けられています。

注入する塩素は、給水栓（蛇口）において、遊離残留塩素で0.1mg/ℓ、結合塩素で0.4mg/ℓ以上存在するように注入量を決めます。

塩素は、常温・常圧では気体ですが、圧力を加えると液体になります。水に溶けやすく、水中で遊離塩素となり強力な殺菌力を持ちます。しかし、水中に有機物や無機物などが混入していると、これらと酸化作用をおこして残留量が減少します。このため、塩素の注入量は、送水途中での減少を考慮して、末端の給水栓での規制になっています。

●塩素による消毒

塩素消毒剤には、液体塩素、次亜塩素酸ナトリウム、次亜塩素酸カルシウムがあります。

塩素消毒の長所
①消毒効果が大きく、水中の残留量の測定が容易にできる。
②水量変動にも対応し注入量の増減が可能で残留効果がある。
③取扱いが比較的容易で安価。

塩素消毒の短所
①水中の窒素と反応し、発がん・催奇形性があるトリハロメタンが発生するとの指摘がある。
②フエノール類と反応し、臭気を発するクロロフエノールが発生。

③腸炎をおこす「クリプトスポリジウム」への効果が少ない。
④残留塩素は、水生動物への毒性が大きい。

●オゾン、紫外線による消毒

オゾンは、オゾン発生器で発生させ、空気と共に水中に散気します。オゾンには次の特徴があります。
①酸化力による殺菌力が強力。しかし、残留性が少ない。
②有機物分解、異臭味や色度の分解、ウイルス不活性化の効果がある。
③設備費と動力など管理費が比較的高価。
④活性炭との組み合わせで効果大。
⑤残留オゾンは、短時間で酸素へ変化。水生動物への毒性が少ない。

紫外線照射は、紫外線ランプの光を水に照射することで消毒します。紫外線照射には次の特徴があります。
①水に照射するだけで有機物の分解に効果。
②残留効果がなく、濁度や浮遊物の存在が効果を落とす。
③水生動物への毒性が無い。

表2-9-1 消毒方法の種類

	次亜塩素酸ナトリウム	液体塩素	オゾン	紫外線
消毒効果	普通	高い	高い	やや劣る
設備費	安価	普通	高価	高価
維持管理	容易	普通	やや難しい	やや難しい

解説
クリプトスポリジウム：人や家畜に感染する病原体。水道水源における実態は明らかではないが、病原体が混入した飲料水などにより、腸に寄生し、下痢や腹痛、発熱を起こします。通常は、1～2週間で自然に治ります。浮遊物や濁りに対する適正な浄水処理によって除去されます。
トリハロメタン：河川水中の有機物質または、水中の着色物質であるフミン質などと塩素が反応して発生します。
水質基準は、人が数十年にわたり水を飲んでも健康に影響が生じない0.1mg/ℓとなっています。

2-10 給水ルートと管の配置

●加圧される水道水

　水道水は、低地から高所へ水を送ったり、消火用水として使用するために水圧をかけることが「水道施設の技術基準を定める省令」で義務付けられています。

　給水する区域に高低差がある場合、低い場所は水圧が高く、逆に、高い場所は水圧が低くなり、蛇口から出る水量に影響を与えます。

　また、高さ約10mの3階建て住宅や高層住宅などにおいて、水が「ちょろちょろ」としか出ないのでは不便になります。このため、通常0.15MPa～0.74MPaの水圧をかけることになっています。

　給水区域内の消火栓を使用した際でも、蛇口が負圧（水圧が下がり水を吸込む現象）にならないよう配慮されています。

●配水の方法

　水道使用量は、季節、天候、時間周期により絶えず変動しますので、これらに対応した水圧と管を敷設します。

　配水所から利用者へ配水する場合、次の方法があります。

自然流下方式

　高低差で自然に流れるため有利ですが、事故や地震などで管が破損すると水の噴出が生じます。この場合、手動または自動的に仕切弁などで遮断することは可能ですが、消防活動が困難となります。

ポンプ加圧方式

　ポンプにより圧力を加え送水する方式。ポンプ設備が、事故や維持管理上の理由で、複数以上の設置となります。また、停電時の動力として発電機が必要となり設備費と維持管理費がかかります。

　この他にも給水区域の特性にあわせて、自然流下方式とポンプ加圧方式を併用する方式があります。

●配水管の配置

配水管の配置は、樹枝状配管と管網配管に大別されます（図 2-10-1）。

樹枝状配管は、漏水などの事故が生じても限定的になり、他系統への影響が少なくなります。しかし、枝管の末端での水使用量が少ないと管内の水が停滞し、残留塩素濃度に影響を与えます。管網配管は、網目状配管ともいわれています。事故や維持管理工事の際、別ルートからの給水が可能です。

管の老朽化対策工事や地震などによる断水時の被害区域を小さくすることなどを考慮して選択されています。

また、配水所と配水所を管で連結したネットワーク化を行い、相互で支援をして事故時の断水を防止する試みも行われています。

図 2-10-1　配水管の配置

樹枝状配管

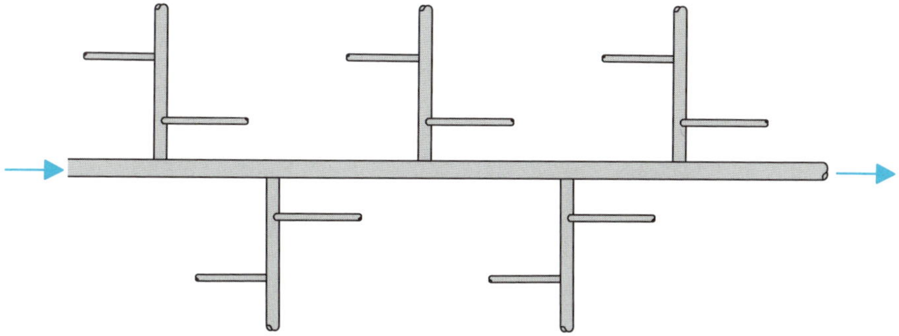

管網配管

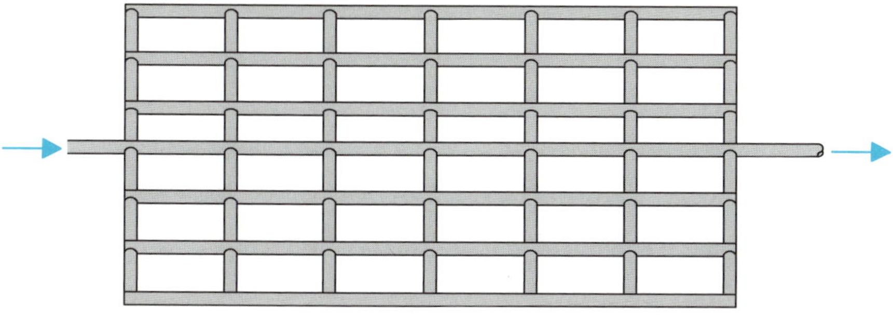

2-11 給水の方式

●給水方式

　配水管から利用者の給水栓（蛇口）までの引き込み管は、給水管といいます。利用者の敷地内に水道メーターが設置されていて、使用水量が計量されています（図2-11-1）。

　給水は、通常、直圧直結方式、増圧直結方式、受水タンク方式（高架・高置方式）が使われています（図2-11-2）。

●給水方式の特徴

　直圧直結方式は、配水管の水圧で蛇口まで直接給水する方式です。配水管の水圧変動の影響を受けますが、配水管から蛇口まで直接給水しますので水質保全上有利です。給水できる階層は、水圧の関係で建物の3階までぐらいが対象です。

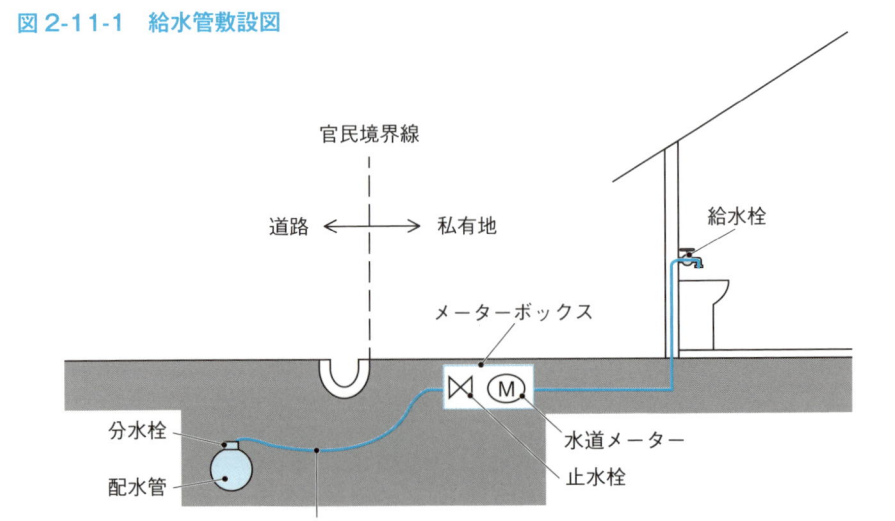

図 2-11-1　給水管敷設図

増圧直結方式は、直圧直結方式で給水困難の中高層建物に対して、給水管の途中に増圧ポンプを設けて、圧力を増して給水する方法です。停電時の対策や増圧設備の維持管理が発生します。

　しかし、この方法は、多量の水を集中的に使用したり、使用水量の変動が大きい施設や建物で配水管の水圧低下をきたすもの、毒物、劇物、薬品などの製造、加工または貯蔵を行う工場および事務所並びに研究所などでは禁止されています。

図 2-11-2　給水方式

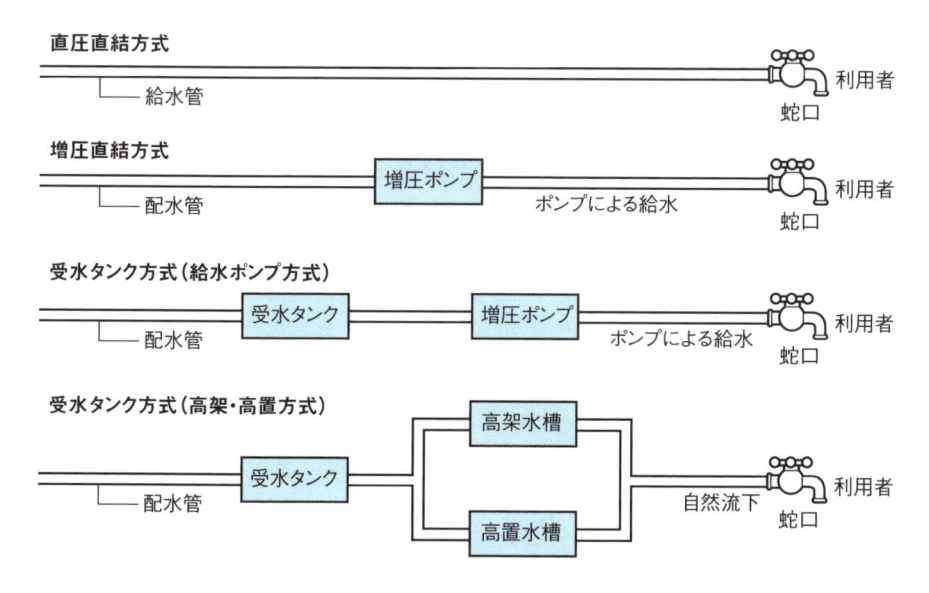

直圧直結方式
給水管 ─ 利用者 蛇口

増圧直結方式
配水管 ─ 増圧ポンプ ─ ポンプによる給水 ─ 利用者 蛇口

受水タンク方式（給水ポンプ方式）
配水管 ─ 受水タンク ─ 増圧ポンプ ─ ポンプによる給水 ─ 利用者 蛇口

受水タンク方式（高架・高置方式）
配水管 ─ 受水タンク ─ 高架水槽／高置水槽 ─ 自然流下 ─ 利用者 蛇口

	直圧直結方式	増圧直結方式、給水ポンプ方式	高架（高置）方式
水圧の変化	配水管の圧力に対応し変化	一定	一定
緊急時対応	特になし	非常用電源が必要	槽内の残留水利用可能
維持管理	特になし	所有者の点検・管理	所有者の点検・管理

●受水タンク方式

　水道水を受水タンクに貯留し、利用者へは、受水タンクから給水ポンプで直送するか、高架水槽または高置水槽に揚水し、重力で給水する方式です。

　受水タンクは、コンクリート製または強化プラスチック（FRP）製です。タンクの6面が点検できるように地表面や床上に設置します。タンクの貯水容量は、1日使用量の8～12時間の容量。高置水槽の貯水容量は、時間最大使用量の30分程度です。マンションや団地、ビルの場合、受水タンクや高置水槽などは、一時的な断水時や災害時の非常用水確保などで、その役割は高く評価され広く普及しています。

　受水タンクの維持管理は、所有者が行います。また、条例などで「年1回以上、定期的な清掃と年1回以上、水道施設の管理の状況について定期的に検査を行うこと」などが所有者に義務付けられています。

●高架水槽・高置水槽

　集合住宅や高層建築物の場合、使用量の変動などに対応するため、高架水槽や高置水槽を設け、受水槽から揚水ポンプにより高所に設置された高架水槽または高置水槽へ送水します。そこから利用者への水は、自然流下で給水します。

　高架水槽は、コンクリートまたは鉄骨で建てられた塔で最上階に水槽がありそこに貯水します。高置水槽は、コンクリート、鋼板またはFRP製で建物最上階または屋上に設置されています（図2-11-3、図2-11-4）。

　高架水槽・高置水槽の設置高さHは、次によります。

$H \geqq H_1 + H_2 + H_3$

H_1：最も高いところの蛇口から高架水槽・高置水槽の水槽低水面までの距離
H_2：最も高いところの蛇口に必要な圧力に相当する高さ
H_3：高置水槽から最も高いところの蛇口までの管、継ぎ手などの摩擦損失水頭に相当する高さ

　太陽にさらされて設置されているため夏などは、水道水が生ぬるくなり美味しくないという指摘もあります。

図 2-11-3　高架水槽

図 2-11-4　高置水槽のしくみ

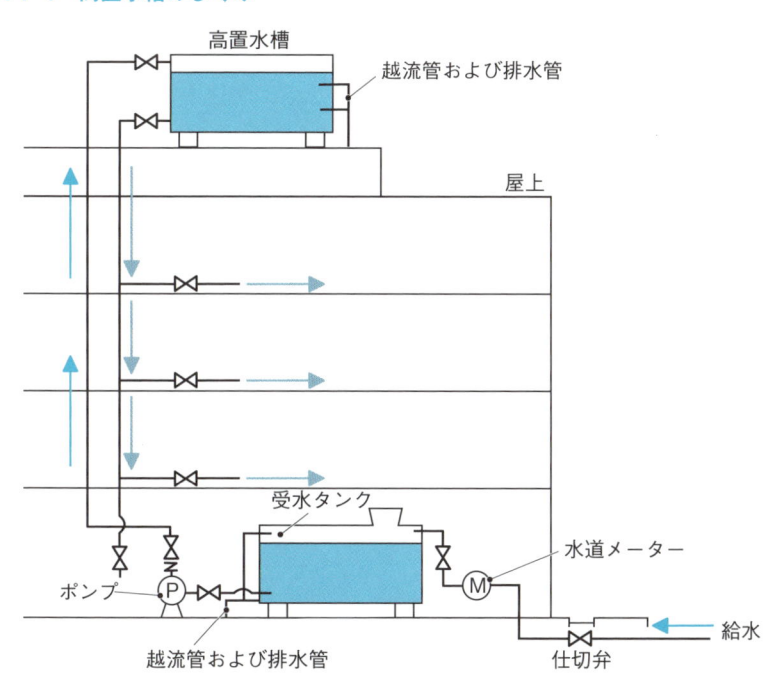

2-12 水道管の種類と特徴

●水道管の必要条件

　水道管は、「水道施設の技術的基準を定める省令」により、「管の材質により水が汚染される恐れがないもの」、「内圧および外圧に対する安全性」などの規定があります。

　通常、水道管に使用される管種は、硬質塩化ビニール管、耐蝕鋼管、鋳鉄管、ダクタイル鋳鉄管、ポリエチレン管が使われています。

　水道管は、0.15～0.74MPaの管の内圧に対し、漏水しないように耐えなければなりません。管路が長くなった場合や曲りの部分に使用する継手も同様です。地下に埋設された管は、地震による引張りや、せん断力を受けます。この場合、管が折れたり、継手が引抜けたりして漏水する恐れがあります。そのため、あらかじめ想定される部分には、伸縮・可とう継手を使用し、引抜きや折れ曲がりに対処します（図2-12-1）。

　また、管は通常、地中に埋められているので、土圧と地表からの荷重が外圧として加わります。これらの圧力にも耐えねばなりません。もし、管に穴が開いたら、15～74mの水柱が突然地上に立つことになります。そして、水道管の材質が、水道水中に溶けだし、味の変化や臭気の原因にならないことも重要です。以前は、鉛管や亜鉛めっき鋼管が使用されていましたが、鉛や亜鉛の溶出があるため、現在は、ほとんど使用されていません。

　さらには、水道配管の施工を容易にするため、加工が簡易で軽量であることが必要です。

　水道管の法定耐用年数は40年となっており、近年、多くの水道管で老朽化による管の破損事故が増加しています。

●管の種類と特徴

　水道管は、上記のような条件と地質、管の内圧、口径、施工場所の制約などを考慮して種類を選択します。現在使用されている管の種類と特徴を、表

2-12-1 に示します。

なお、水道管の品質や規格については、日本工業規格（JIS）や日本水道協会規格（JWWA）が定められています。

図 2-12-1　伸縮・可とう継手

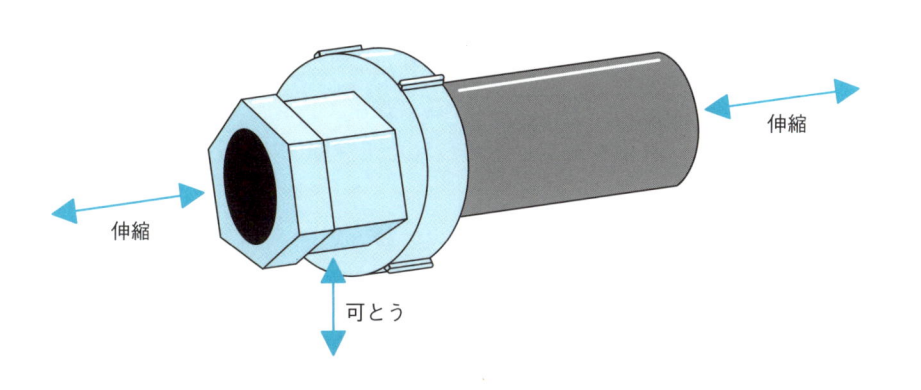

表 2-12-1　水道管の種類と特徴

材質	長所	短所
硬質塩化ビニール管	・耐蝕・耐電蝕に優れる ・軽量で施工性が良い ・安価	・熱、紫外線、有機溶剤に弱い ・低温時の対衝撃性低下 ・温度伸縮、可とう継手が必要
耐蝕鋼管	・引張り・曲げ強度が大きい ・強靭性・対衝撃性が大きい ・加工性良、比較的軽量	・電蝕対策必要 ・たわみが大きい ・継手溶接、塗装の施工に手間がかかる
鋳鉄管	・強度比較的大、耐蝕有 ・施工性が良い	・重量大、衝撃に弱い ・腐食性土壌の場合は、防蝕加工が必要
ダクタイル鋳鉄管	・強度大、耐蝕有 ・強靭性 ・対衝撃性が大きい	・重量比較的大きい ・腐食性土壌の場合は、防蝕加工が必要
ポリエチレン管	・たわみ ・耐衝撃 ・耐寒性が大きい ・軽量、長尺のため継手が少ない	・やわらかく傷つきやすい ・有機溶剤やガソリンに侵されやすい

2-13 給水管の施工

●施工の手順

　水道管の施工は、水道水を浄水場から利用者のもとへ安全に届けるための手段です。工事にあたっては、将来、送水途中で汚染や漏水が発生しないよう設計図書に従い、適正な施工を定められた工事期間内に行うための管理（施行管理）が行われます（図2-13-1）。

　公道内には、水道管の他に下水管、ガス管、電話ケーブル・共同溝などの埋設物が存在または予定されているので、あらかじめ道路管理者が水道敷設位置や管の離れを定めています。

　工事に先立ち、工事内容とそれにともなう騒音・振動・地盤沈下などの対策を近隣居住者に説明をして理解を得ることが重要です。施工場所が、公道内に開削工法で敷設される場合は、「道路法」や「道路交通法」に定める道路占用許可や道路使用許可申請を行い、承認・許可条件に従って工事を施工します。

　掘削工事にあたっては、工事場所における人や車に対する交通安全対策、既設の地下埋設物に対する防護策を行います。

　さらに、掘削深さが1.5mを超える場合や1.5mに満たないが土質が崩れやすい土質の場合は、事故防止のため山留め工（図2-13-2）が、湧水や地下水により工事に影響がある場合は、水替工が必要になります。

　掘削場所が、舗装道路の場合は、掘削部以外の舗装へ影響を与えないようにカッターなどで塗装を切断します。カッターとは、車両の下に回転する歯が付いておりその回転で舗装道路を切り開きます。道路工事の施工機械の1種です。

　掘削は、電気やガスなど他の埋設物に影響を与えないよう掘削機械のほか、人力掘削も併用し、特に重要な埋設物については、所有者または管理者の立会いを求めて注意深く作業を行います。

　施工後に掘削部の沈下や陥没が生じないように埋戻しも重要な作業です。

通常、良質土や砂により厚さ30cm程度ごとにタンパーや振動ローラーなどの転圧機械で締固めを行います。埋戻し後、速やかに舗装材による復旧を行います。

図 2-13-1　施工管理の種類

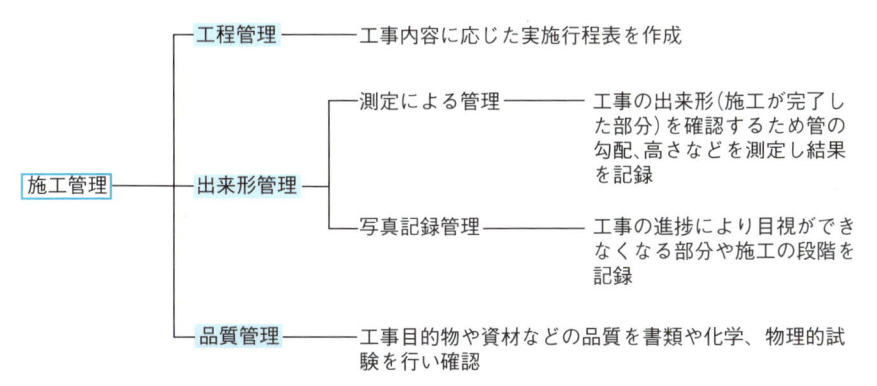

```
                    ┌─ 工程管理 ───── 工事内容に応じた実施行程表を作成
                    │
                    │                ┌─ 測定による管理 ── 工事の出来形（施工が完了し
                    │                │                    た部分）を確認するため管の
                    │                │                    勾配、高さなどを測定し結果
     施工管理 ──────┼─ 出来形管理 ───┤                    を記録
                    │                │
                    │                └─ 写真記録管理 ──── 工事の進捗により目視ができ
                    │                                     なくなる部分や施工の段階を
                    │                                     記録
                    │
                    └─ 品質管理 ───── 工事目的物や資材などの品質を書類や化学、物理的試
                                      験を行い確認
```

図 2-13-2　水道管の布設替と山留め工

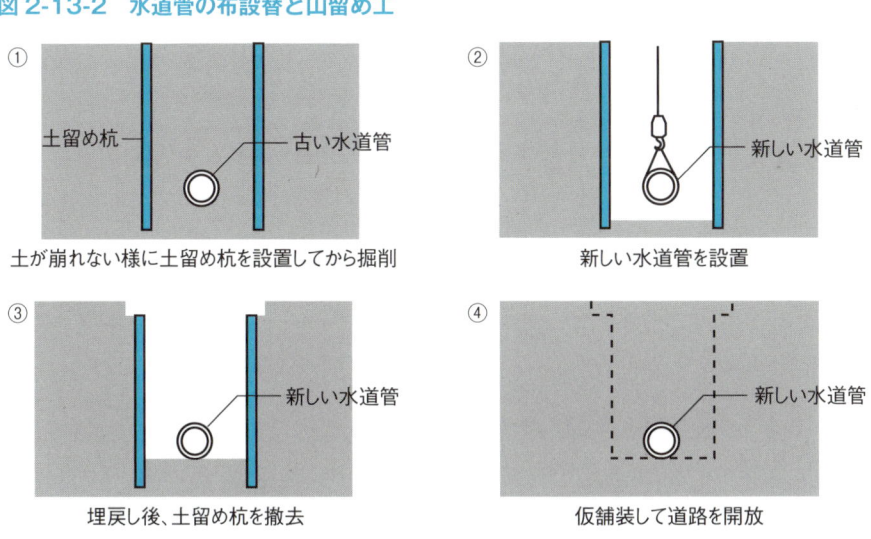

① 土が崩れない様に土留め杭を設置してから掘削
② 新しい水道管を設置
③ 埋戻し後、土留め杭を撤去
④ 仮舗装して道路を開放

●管の敷設

　管の埋設深さは、道路法施行令12条で管の上部から路面までの距離は、荷重、衝撃などを考慮して1.2m以上（やむをえない場合は0.6m以上）と決められています。また、通常の建物や住宅の敷地内では通常0.3m以上と決められています。

普通の地盤に管を敷設する場合は、丁寧に埋戻し、締固めを行うことにより、通常、基礎工は必要としません。しかし、地盤が軟弱な場合は、砂基礎、さらに軟弱な地盤の場合には、砂基礎に加えまくら胴木基礎などを行います。

また、曲管・T字管・異形管などのように水圧による抜出しの力が不均衡におきる管の場合は、管の離脱防止として管防護工を行います（図2-13-3）。現場の状況で開削工事ができない場合は、推進工法やシールド工法で施工します。

●管の接続

水道利用者が新たに水道を引く場合は、近隣に敷設されている配水支管から分岐して給水栓まで配管します。この場合、接続工事のために配水支管を断水すると影響が大きくなるため、穿孔機による不断水工法で接続します（図2-13-4）。

分岐部分には、地盤沈下や地震などに際して、異常な応力が掛かり管の破損が起きる恐れがあります。このため、引張りや曲げに対応できる伸縮継ぎ手を使用します。

配水支管から給水管を分岐する場合、水道法施行令第4条により他の分岐位置から30cm以上離隔します。配水支管の強度の低下や他の分岐管水量への影響が無いようにするためです。

分岐にあたって、配水支管の傍に敷設されているガス管や工業用水管などとの誤接合を防ぐため、消火栓の位置や水道管を示す明示テープを充分確認してから接続します。

図2-13-3　水道管の抜け防止工の例

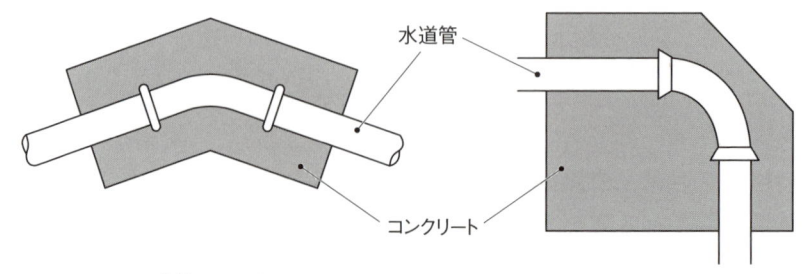

曲管・T字管・異形管など抜出しの力が不均衡におきる管は
離脱防止としてコンクリートで管防護工をする

図 2-13-4　給水管の接続

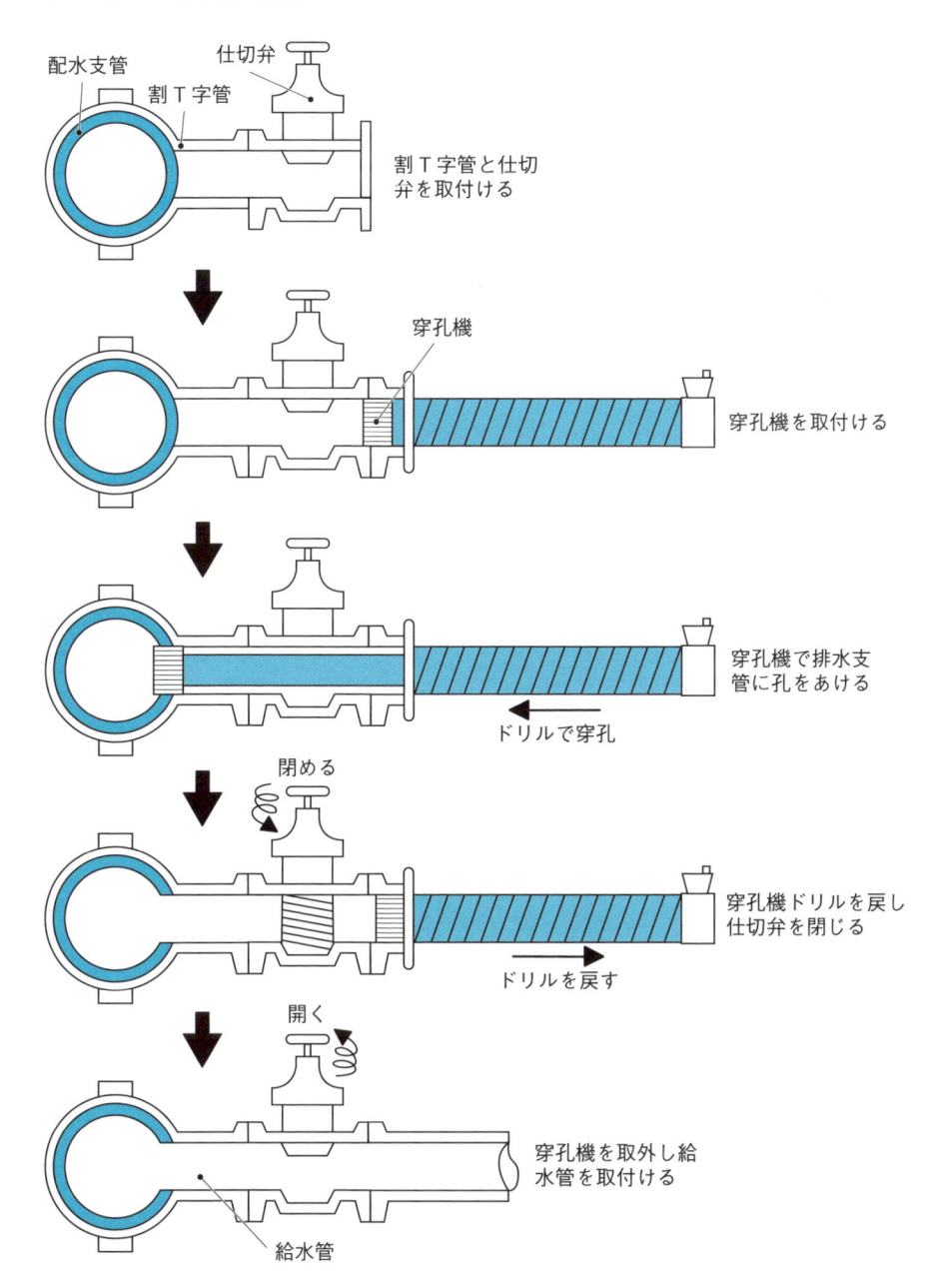

配水支管
仕切弁
割T字管

割T字管と仕切弁を取付ける

穿孔機

穿孔機を取付ける

穿孔機で排水支管に孔をあける

ドリルで穿孔

閉める

穿孔機ドリルを戻し仕切弁を閉じる

ドリルを戻す

開く

穿孔機を取外し給水管を取付ける

給水管

❗ 昔の水道料金

　江戸の町は、多摩川の羽村から取水した玉川上水により、清浄な水が配水されていました。これにより、将軍、武士、商人のほか、下々の住民に至るまでその恩恵にあずかることになりました。上水の維持管理は、玉川上水を開削した玉川兄弟が行い、その費用は、上水の利用者から徴収していました。

　その利用料は、水銀（みずぎん）と呼ばれていましたが、武士階級は、禄高（石高）、土地所有者や商人は地所の間口に応じて徴収されていました。借地人や借家人、すなわち、庶民の多くは、無料。実際は、地主や大家さんが戸数分の料金を支払うので、庶民の家賃は、上下水道代金込みと理解されます。

　これらのことから、身分、階級により額や支払い方法は異なるが、当時の水道料金は、定額制でした。

　それならば「ジャブジャブ」使う不心得者が出るのでは？ と思いますが、当時の家庭内の水利用は、せいぜい調理と飲用程度で、洗面・洗濯は井戸端、風呂は公衆浴場、もちろんトイレは共同便所で汲取りでした。

　配水されてきた上水は、長屋の外にある井戸へ流れ込み、そこから桶で水を汲上げ、家の中に運び込むしくみでしたので、わざわざ多く使う必要もなかったのではと考えられます。

　なにより、町中では、「水は貴重な物」という考えで各所に天水桶を備え雨水も大事に利用したり、一度使用した水も打ち水に利用するなど、もったいない精神が徹底されていたので、このようなシステムが成り立っていたのではないでしょうか。

第3章

下水道のしくみ

産業や生活で利用され汚れた水。
降雨水も地表の汚濁を流出しています。
汚濁した水は、どのような方法で浄化するのでしょうか。
生物、化学、機械など多くの技術が活用されています。

3-1 下水の収集方法

●私有と公有

　下水道で収集する対象は、下水道法で「汚水と雨水」と定義されています。

　汚水は、都市用水として使われた生活用水と工業用水に起因します。これらの水が、使用されたのち汚水となり、建物の周りにある汚水桝を経て汚水の公設桝に入ります。

　建物の屋根に降った雨水は、ルーフドレンという集水装置で集められ、樋を伝い雨水枡に入ります。そこから公設桝を経て下水管に流入します（図3-1-1、図3-1-2）。

　汚水、雨水いずれの場合も公設桝に流入するまでが私有で、通常、排水設備といわれています。公設桝以降が公共下水道側の所有になり、維持管理も公共下水道側で行われます。道路排水は、街渠桝で集水し下水管へ流入します。

図3-1-1　屋根に降った雨の流れ

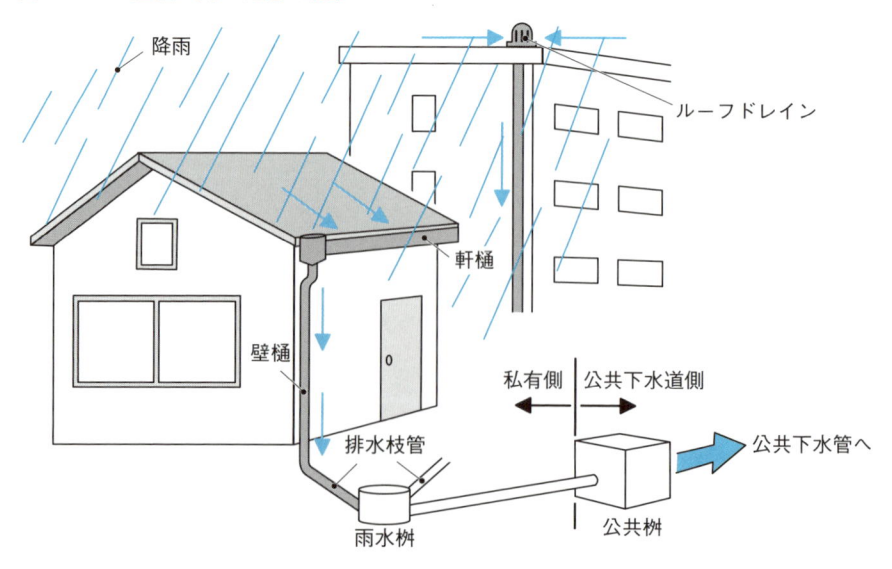

図 3-1-2　雨水桝、汚水桝、ルーフドレン

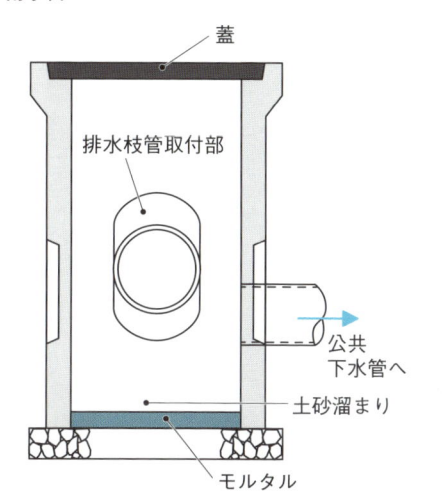

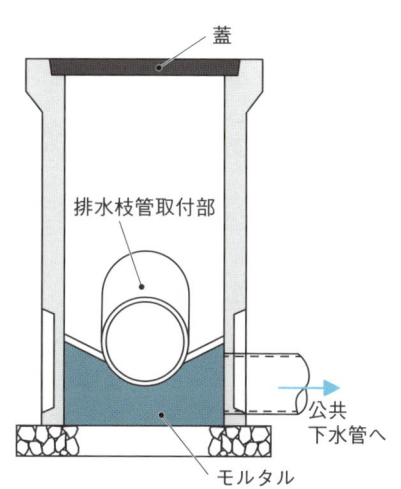

雨水桝
- 蓋
- 排水枝管取付部
- 公共下水管へ
- 土砂溜まり
- モルタル

汚水桝
- 蓋
- 排水枝管取付部
- 公共下水管へ
- モルタル

ルーフドレン

(提供：ダイドレ株式会社)

●収集方式

　下水道区域内の降雨水の取扱いにより、下水の集水方式が合流式と分流式に分かれます。

　合流式は、汚水と雨水を1本の管に合流させて下水処理場で処理します。下水処理場の処理能力を超える大雨の際には、管路の途中に設けた「余水吐」から未処理下水の一部を河川へ放流します。

早い時代に下水道を敷設した都市は、建設費や施工期間などを考慮して合流式を採用してきました。しかし、近年では、河川の汚染が進むとともに未処理の下水を流すことが問題視されています。このために、現在、合流式を採用している各地の自治体で合流改善事業が進められています（図3-1-3）。

　分流式は、汚水と雨水を別々の管で集めて、雨水は、河川へ放流し、汚水は下水処理場で処理します。汚水の全量が下水処理場で処理をされますから、処理水の放流先である海域や河川での水質汚濁は、少なくてすみます。しかし、雨の降り始めに道路や広場の表面を流れた汚染度（初期汚濁）の高い排水は、そのまま川へ流れます。

　建設費は、管路が２本になりますから高くなりますが、下水処理場は、汚水のみが対象ですから、規模は小さくなり建設費は下がります（表3-1-1）。

　近年、自治体の下水道計画およびニュータウン並びに住宅団地などの下水道は、分流式が採用されています（図3-1-4）。

表 3-1-1　合流式・分流式の長所・短所

	長所	短所
合流式	・水洗化普及と浸水対策が同時に解決できる ・降雨初期の汚濁物処理が可能 ・管路が１本のため建設費が安い	・大雨時、未処理下水が川へ流出 ・オイルボール、ゴミが海浜漂着 ・悪臭発生と景観を損なう ・下水処理場の規模が大きくなる
分流式	・汚水は雨水と分離して処理されるので、川や海へ流出しない ・下水処理場は、汚水のみが対象で小型化できる	・管を２本布設するため建設費が高い ・地下埋設が多い狭隘地は施工困難 ・降雨初期の汚濁物が川に流れる ・配管の誤接合の恐れがある

図 3-1-3　合流式

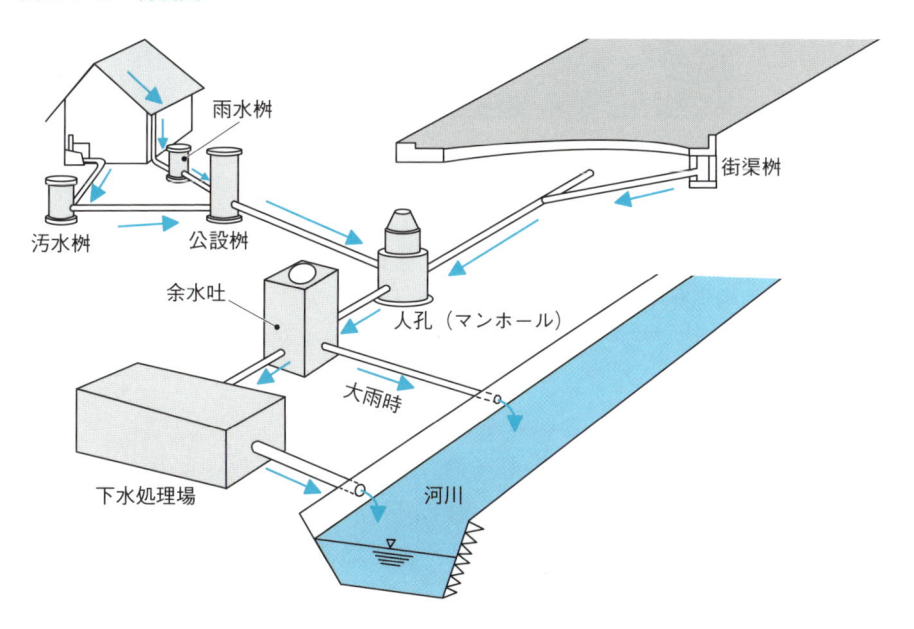

図 3-1-4　分流式

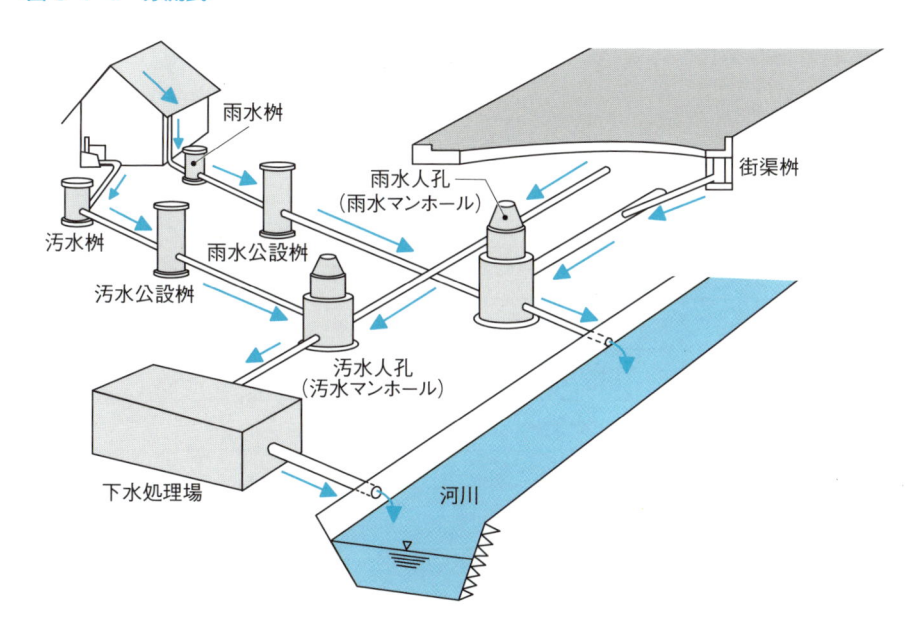

3・下水道のしくみ

3-2 下水の流量の算定

●雨水量の算定

　雨水管の管径やポンプ施設の容量は、最大雨水流出量にもとづき算定します。最大雨水流出量の算定には、経験式や合理式が使用されます。

　経験式には、ビユルクリ・チーグラ式やブリックス式などがありますが、いずれの方式もスイスなどヨーロッパの都市で実験的に作られた式で、必ずしも日本の各地域に合致しない場合があります。

　日本ではおもに合理式が使われており、合理式は、ある面積A（ha）の土地全体に、降雨強度I（mm/時）の雨が降り、速やかに流出した時の最大雨水流出量Q（㎥/秒）を表しています。その際、地勢や地表の状況から決まる降雨水量に対して実際に下水管へ流入する量の比率（流出係数C、表3-2-1）を加味します。

　合理式による雨水流出量の算定は、次の式で行います。

$Q = 1 / 360 \times C \times I \times A$

表 3-2-1　流出係数

地表の状況	流出係数	地表の状況	流出係数
集合住宅団地	0.5	屋根	0.85〜0.95 ※
住宅地	0.5〜0.9 ※	道路	0.8〜0.9 ※
農地散在する郊外	0.35	丘陵地	0.2〜0.4 ※
工事中の造成地	0.9	水面	1

※場所によって数値が異なる

●汚水量の算定

　汚水量の算定は、通常、住宅、商業施設、学校、観光施設、事務所などの発生源別に1年間の最大排出量で行います。季節変動が大きい工場や観光施設、汚濁濃度が大きい家畜廃水については、個別に算定して加算します。

　汚水管の管径やポンプ施設の容量は、計画時間最大汚水量をもとに算定します。汚水量の時間変動はピーク係数（1.5～2.4）の数字で表します。数値は、下水の排水区域が広いと小さく、狭いと大きくなります。

計画時間最大汚水量＝計画1日最大汚水量／24×（1.5～2.4）

　下水処理施設の容量は、計画1日最大汚水量をもとに算定します。

　住宅は、1人1日当たり最大給水量、工場・事務所は、最大排水量をもとに算定し、さらに、地下水の流入が予想される場合は、1人1日最大汚水量の15%～25%を加算します。

計画1日最大汚水量＝
　　1人1日最大汚水量×人口＋工場・事務所排水量＋流入地下水量

　計画1日平均汚水量は、下水処理場への流入水量や処理費用の算定などに使用します。水量の変動は0.7～0.8で表し、小規模の場合0.7、大規模の場合0.8が使われます。

計画1日平均汚水量＝計画1日最大汚水量×（0.7～0.8）

　合流管は、最大雨水流出量と計画時間最大汚水量を加えた流量とします。

3-3 下水管の種類と接続

●管の種類

　下水管は、道路下や地中深くに敷設するため、土圧や上載荷重などに耐えれる構造で、かつ、下水中に含まれる物質により腐食しない材質です。下水管の設置場所の条件および施工方法、並びに工事費などにあわせて、通常、次のような管種が使用されています。

陶管

　陶管は、焼成品で耐酸・耐アルカリに優れ施工も容易です。しかし、外圧や衝撃に弱いため、管の厚さにより並管と厚管に分けられますが、通常、厚管を使用します。管の内径が450mm以下の小口径で使用されています。

鉄筋コンクリート管

　遠心力鉄筋コンクリート管と下水道推進工法用鉄筋コンクリート管があります。遠心力鉄筋コンクリート管は、通常、ヒューム管とよばれ、製造する際に遠心力を用いて整形します。管の内径が800〜3,000mmのものがあるため、幅広く使用されています。下水道推進工法用鉄筋コンクリート管は、推進工法で施工する管渠に使用するため管の厚みが大きくなります。

硬質塩化ビニール管

　塩化ビニール樹脂を主原料にした管で、塩ビ管とよばれています。管内面は滑らかで摩擦抵抗が少なく、軽量で運搬や施工が容易にできます。耐腐食性にも優れています。管の内径が800mm以下の小口径で使用されています。

強化プラスチック複合管

　ガラス繊維にプラスチックを浸み込ませたFRPとプラスチックモルタルからなる複合管です。軽量で施工性、耐外圧性に優れています。たわみや曲げの力に耐える可とう性もあります。管の内径が200〜3,000mmまであり、幅広く使用されています。

現場打ち鉄筋コンクリート管渠

　コンクリート2次製品が使用できない場所や特殊断面などで使用されます

が、現地で施工するため工期が長くなります。

ダクタイル鋳鉄管

　通常の鋳鉄を強化した管。耐圧、耐蝕性、耐衝撃性、可とう性に優れ、通常、圧力管に使用されます。管の内径が75〜2,600mmまであり、幅広く使用されています。

●下水管の断面形状

　下水管の断面形状は、円形、矩形（くけい）、馬蹄形、卵形などがありますが、通常、使用されているのは、円形と矩形です（図3-3-1）。

　下水管の形状は、下水の流れ方、荷重に耐えられる構造であり、断面の厚さなどが過大にならず、経済的なもの、施工費が安いもの、維持管理が容易なものを考慮して決定します。

図 3-3-1　下水管の断面

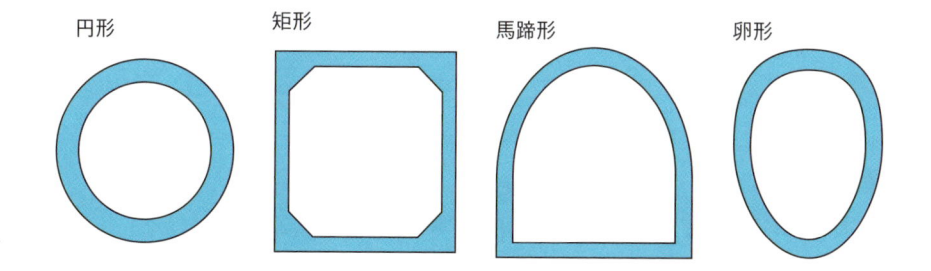

円形　　矩形　　馬蹄形　　卵形

円形
　①車両などの上部からの荷重は、管頂のアーチ作用により分散されるため部材断面が小さく、材料を少なくできる。
　②円形の管は、回転体の遠心力を利用し製造するため、品質が安定し、大量生産可能。

矩形
　①管の土被りが浅い場合や敷設場所の広さにあわせて、断面の形状を対応できる。
　②現地でコンクリートにより製作するため、施工期間が長くなる。

馬蹄形
　①断面は、馬の蹄鉄の形をしている。明治時代、下水管築造の材料にレンガを使用していたので多く使用されていた。
　②上半部のアーチは力学上有利で、コンクリート厚を薄くできるため、経済的。
　③断面形が複雑でコンクリート施工が難しくなる。
卵形
　①小流量でも水深および流速が確保できるため、堆積物が生じにくい。
　②勾配を緩くできるため掘削が浅くなる。
　③管の幅が小さいため、上部土圧を受けにくくなる。

●管の接続方法

管の接合には次のような方法があります（図3-3-2）。
管頂接合
　満流時にも流れが円滑。管底が深くなり工事費が高くなる。枝管で使用される例が多い。
管底接合
　平坦な地形では管底が浅くなり工事費が安価。
水位接合
　下水の流れが安定する方法。大口径で使用されることが多い。
段差接合
　地表の勾配は大きいが、それに合わせて管の勾配を急にできない場合に使用。
階段接合
　地表の勾配が大きい地形で矩形渠(くけいきょ)を設ける場合に使用。必要な流速と矩形渠頂部から地表までの距離（土被り）が確保できる。

図 3-3-2　管の接続の種類

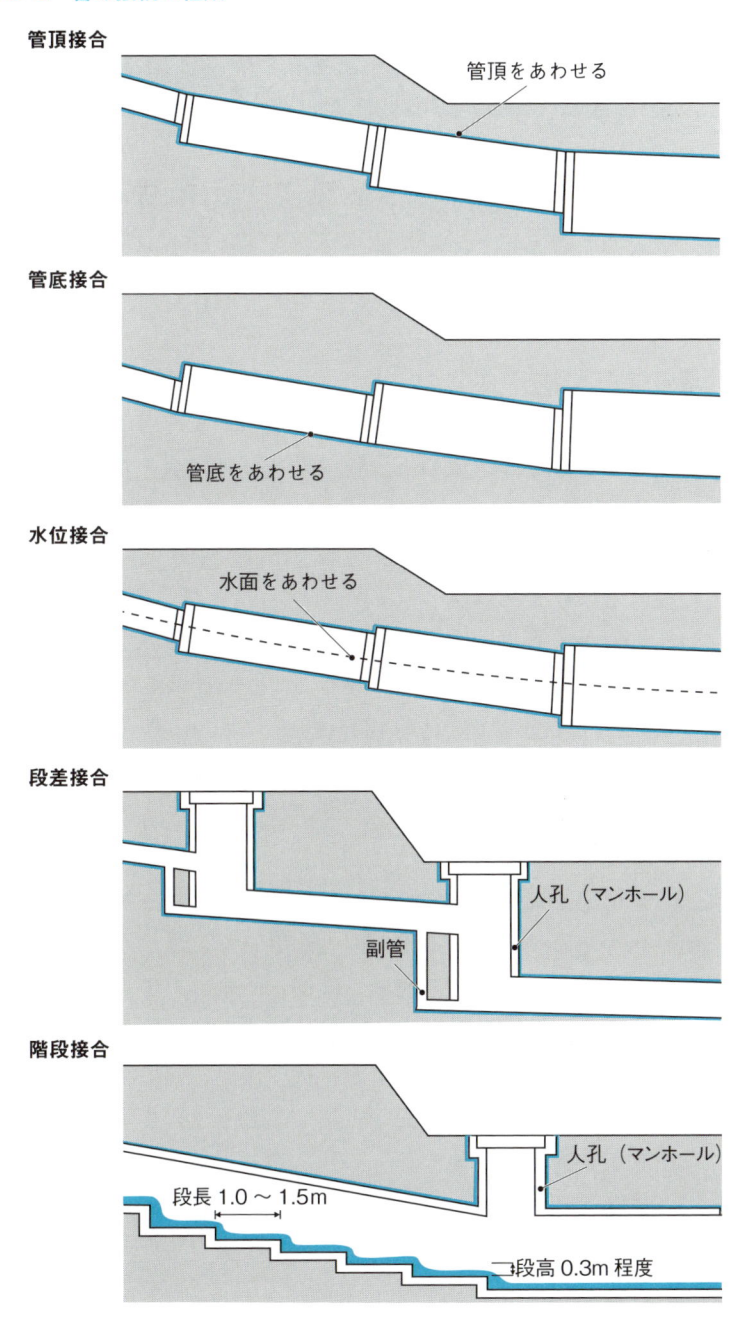

管頂接合

管頂をあわせる

管底接合

管底をあわせる

水位接合

水面をあわせる

段差接合

人孔（マンホール）

副管

階段接合

人孔（マンホール）

段長 1.0 〜 1.5m

段高 0.3m 程度

3・下水道のしくみ

3-4 下水管の流速と勾配

●下水の流れる速さ（流速）

下水管は、下水が上流から下流へ自然に流れるように勾配をつけてあります。下水管の管径は、下水量を適切な流速で流すために必要となる管の断面積から求めます。

適切な流速の条件を以下に示します。

①管の勾配が急なほど、流速は速くなり、多量の下水を下流に流せます。

②流速を速くしすぎると、下流の下水管や人孔（マンホール）などの破損を起こします（図3-4-1）。

③流速が遅すぎると下水管の底などに土砂や汚物が堆積し、流下が阻害され悪臭の原因となります（図3-4-2）。

④下水中の沈殿物が、下水管内に堆積するのを防ぐため、上流から下流へ流下するのに従って、流速を次第に速くします（図3-4-3）。

以上のような条件を考慮して、汚水管では0.6～3.0m/秒、雨水管および合流管では0.8～3.0m/秒を適切な流速としています。

●下水流量の算定と勾配

下水の流速および流量に関わる勾配、管径などは、流量計算式で求めます。下水管は、下流へ行くに従い、周辺から下水が集まり、流量が増え管径は大きくなります。管径が大きいほど、流速は確保しやすいので、勾配は下流に行くに従い緩くします。管の勾配を大きくして流速を早め管の断面積を小さくする方法もありますが、この場合、下流に行くに従い管の土被りが大きくなり、掘削土量や山留めなどの工事費や工期に影響を与えます。したがって、両案の十分な検討が必要になります。

図 3-4-1　速すぎる流速による破損

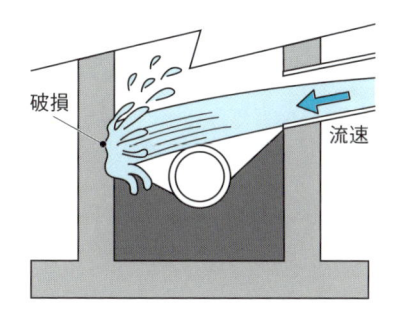

図 3-4-2　流速が遅くなるため沈殿物が発生

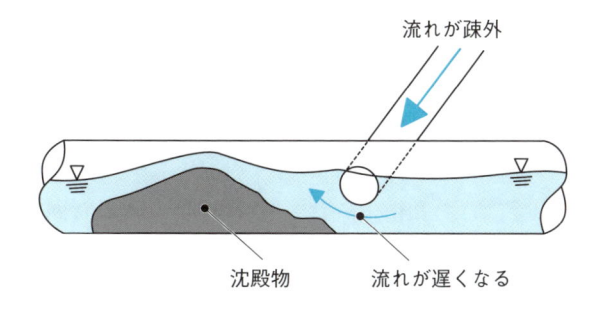

図 3-4-3　管の流速と勾配

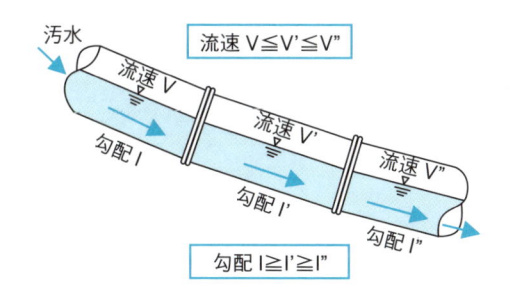

3-5 下水管の管径算定

●管径算定の必要条件

下水管の大きさ（管径）は、円形管の場合は、管内部の直径で、矩形渠の場合は、縦横の寸法で表現します。例えば、円形管の径が35cm（管の断面積は0.0962㎡）の場合、φ350と表現します。

管内を流れる水の流量Qは、流れる水の断面積Aに、流速Vを乗じることにより次の式で求まります。

Q（㎥/秒）= A（㎡）× V（m/秒）

管は、流れる下水を、所定の流速で下流に流せる断面が必要です。求める管の断面積は、通常、「管渠流量表（表3-5-1）」と「水理特性曲線」にもとづき算定します。

流れる水は、管内の水深により、流れる水の断面（流水断面）と流速が、変化します。下水管の管内の壁面は、粗くなっており、水は、摩擦により流速が阻害されます。水深が深くなるに従い、流水断面とそれに接する壁の長さの比により、流速は変化します。

この関係を表したのが、「水理特性曲線」です。円形や矩形など断面形状により曲線は異なります（図3-5-1）。

なお、この管の内壁の粗さは粗度係数といい、コンクリート管は0.013、塩化ビニル管は0.010です。コンクリート管より塩化ビニール管の方が、同じ断面、勾配であれば流せる流量は多くなります。

●水理特性曲線

円形管の場合、水深が管の1/2の流れと満管の流れでは、流速は1.00と同じになります。しかし、水深1/2から満管に向け流量が増加し、水深が深くなると水深約80％時点で約1.15の流速をピークに、それ以降、水深がさらに深くなっても流速は遅くなります。

一方、流量は、水深が深くなれば流水断面が大きくなるため、流量が最大になる水深を特性曲線から求めると水深約94％になります。
　自然流下の下水は、ポンプ圧送などによる満管とは異なり、管内を満管以下で流れますから、管径の算定においては、実際の流量がどの程度の水深になるかを計算し、流速を算定する必要があります。

表 3-5-1　管渠流量表（コンクリート円形）の例

勾配 I（‰）	φ 300		φ 350	
	流速 V（m/秒）	流量 Q（㎥/秒）	流速 V（m/秒）	流量 Q（㎥/秒）
7.5	1.130	0.080	1.270	0.122
7.0	1.091	0.077	1.227	0.118
6.5	1.052	0.074	1.182	0.114
6.0	1.010	0.071	1.135	0.109
5.5	0.967	0.068	1.087	0.105
5.0	0.921	0.065	1.036	0.100

図 3-5-1　水理特性曲線（円形管）

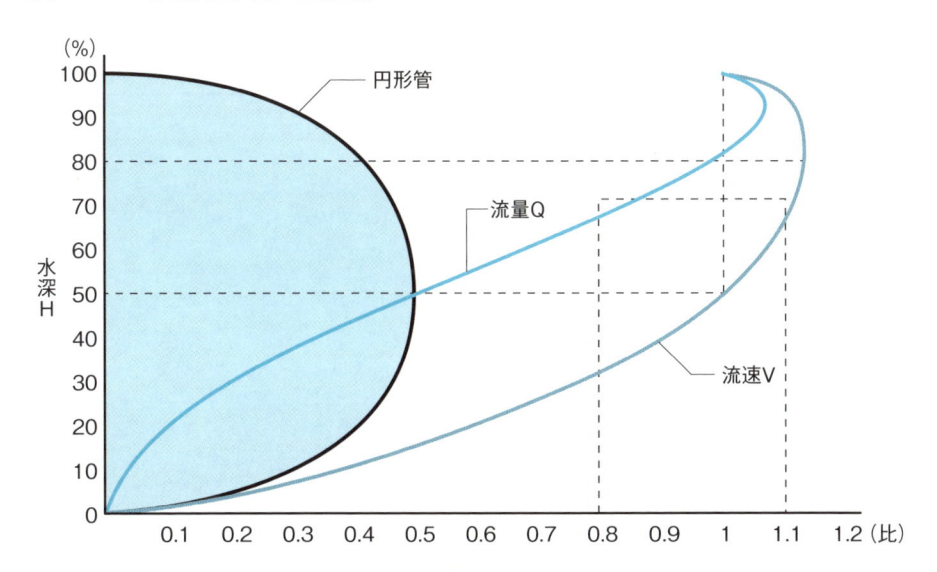

3-6 人孔・伏越しの役割

●人孔の役割と構造

　人孔は、下水管に詰まりや漏水などが発生した時や維持管理のために使われる出入口です。一般的にマンホールともよばれます。

　人孔内部の大きさは、蓋から管底までの深さと取り付いている下水管の管径により決まります（表3-6-1）。

　人孔は、管の始まり部や管と管の接続箇所に設け、下水が下流へスムーズに流れるようにします（図3-6-1）。

　人孔には、管底まで人が降りていくための足掛用の金物が人孔内壁に固定されています。この足掛金物は下水中から発生するガスや湿気による腐食を受けない材質かポリプロピレンなどの被覆がなされています（図3-6-2）。

表3-6-1　人孔内部の大きさ

人孔の内径	管径による区分	深さによる区分
900mm	600mm以下と450mm以下の管の合流部	3,000mm以下
1,200mm	900mm以下と600mm以下の管の合流部	ー
1,500mm	1,200mm以下と800mm以下の管の合流部	ー

図3-6-1　人孔の設置場所

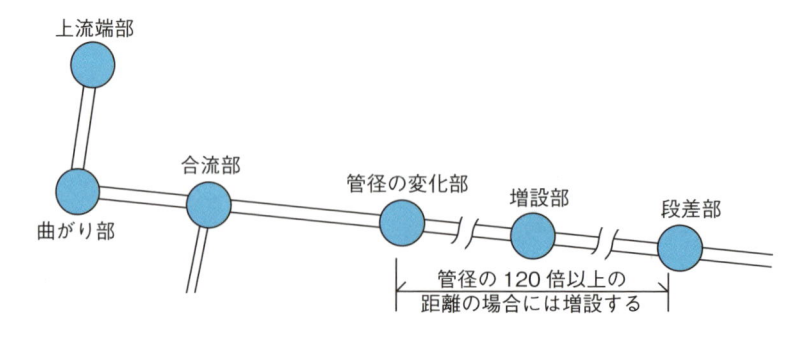

●人孔の蓋

　人孔の蓋は、直径600mmの円形で、材質は、鉄筋コンクリート製または鋳鉄製です。歩道内や公園内など比較的荷重が少ない場所は、鉄筋コンクリート製。車道など荷重を受ける場所は、鋳鉄製と使い分けられています。

　円形蓋の寸法は、孔の入口の直径より大きいため、長方形や正方形の蓋に比べ、どのような閉め方をしても蓋が人孔内に落ちることはありません。

　蓋には、「雨水」や「汚水」の文字が刻印してありますが、蓋の新たな機能として、人孔の位置がわかる番号を表示したり、地域の名所や市の花・動物、歴史上の人物などを描いたり化粧蓋をしています（図3-6-3）。

　また、地震などの災害時の避難広場や公園などでは、蓋を外すとすぐにトイレとして利用できるように準備されています。

図 3-6-2　標準的な人孔の構造

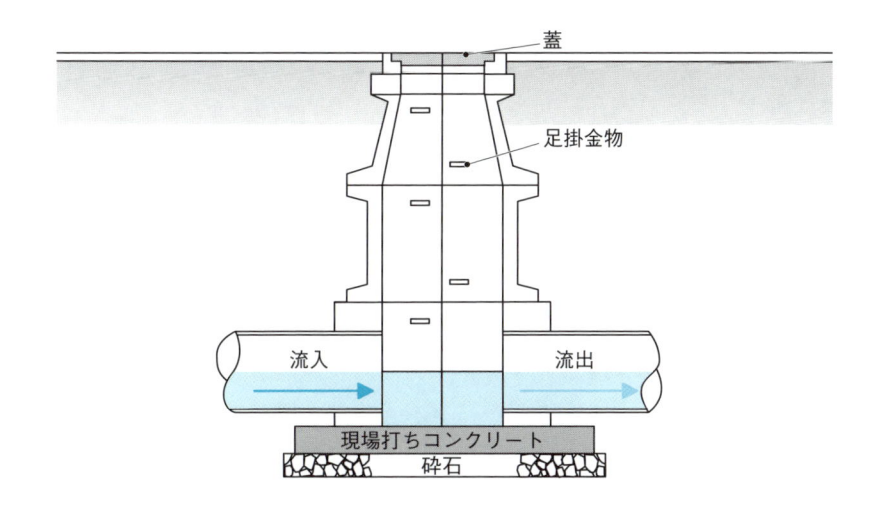

図 3-6-3　地域による化粧蓋の例

地元の「源平合戦」にちなんだ
デザイン（高松市）

（提供：高松市上下水道局）

東京都下水道局では、人孔の蓋に番号と設置した年度が記入されており、臭気・陥没などによる
都民からの通報時に場所が特定でき、迅速な対応が可能となる
（提供：東京都下水道局）

●伏越し

　下水管の敷設に際し、既設の埋設物や河川、鉄道、水路など数多くの障害物にぶつかります。その障害物ごとに下水管を深く埋設すると、その地点から下流はそれ以上に深くしなければならず、施工が困難になり、かつ、工事費は高騰します。この様な場合には逆サイフォン（圧力差により高い水面の水が水面より低い位置で繋がれた管を伝い高い水面へと移動）の原理を用いた「伏越し」が使われます（図 3-6-4）。

　伏越しは、流速が遅くなると、両側にある人孔に土砂などの沈殿物や浮遊物（スカム）が貯まり、悪臭の発生や管の流下能力を減少させることもあります。

この問題を解決するため次のような対策が行われています。
①人孔の泥溜めを大きくし、水中に散気装置を備え、下水からの悪臭発生や浮遊物（スカム）の発生を防ぐ。
②管内の流速を速めたり、人孔内を円形にして土砂滞留場所を減らす。

図 3-6-4　伏越しの原理

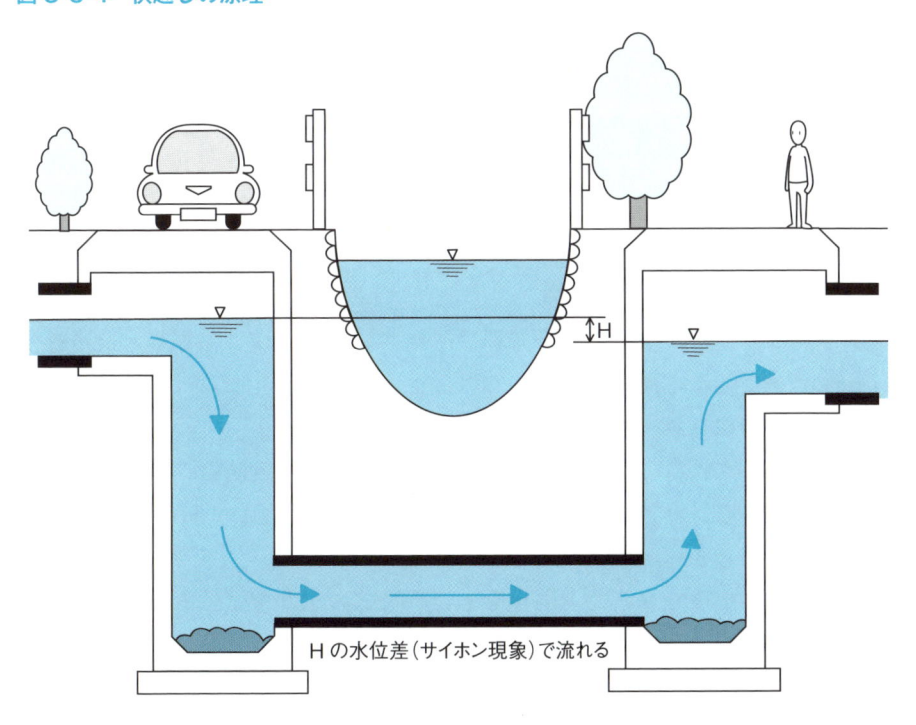

Hの水位差（サイホン現象）で流れる

3-7 荷重に対する管の補強

●荷重と管の破損

　地中に埋設されている下水管への荷重は、埋戻し土や車両などから受ける上載荷重、管の側方部からの土圧による荷重などがあります。また、管の下部地盤が軟弱地盤の場合や充分に締固めていなかったために起きる不等沈下などで圧壊、蛇行・沈下、引張り破壊、せん断破壊、ひび割れが生じ、管を破損し、下水の流れを阻害、漏水の原因となります（図3-7-1）。

●上載荷重が大きい下水管

　下水管は、通常、車道の下部に埋設され、通過車両による振動と荷重を受けます。一般的に車両の荷重・振動は、道路面から深くなるほど舗装や土により影響が緩和されます。

　しかし、下水管は、道路の排水を集水した街渠桝や近隣敷地に設けられた公共桝からの取付け管を接続するため、通常、道路下1.0～5.0mの深さ（土被り）に埋設します。

　そのため、土被りが浅く上部からの荷重などの影響を受ける下水管は、管を保護するために基礎工を行います。

●基礎工

　基礎工は、下水管に対する荷重や地盤の地耐力不足による下水管への悪影響を防止するために行います。基礎工には、①下水管下部に敷設する、②管の半分まで埋める、③管全体を埋めるがあり、①から③になるほど次第に強度が大きくなります。

　基礎工の種類には、丸木を管の下に梯子状に設置するまくら胴木基礎、はしご胴木基礎、コンクリート基礎、砂基礎などがあります（図3-7-2）。また、基礎工の使い分けは、荷重、地耐力、経済性を考慮し選定します。

図 3-7-1　管の破損の原因

圧壊　　　　　　　蛇行・沈下

引張り破壊　　　せん断破壊　　ひび割れ

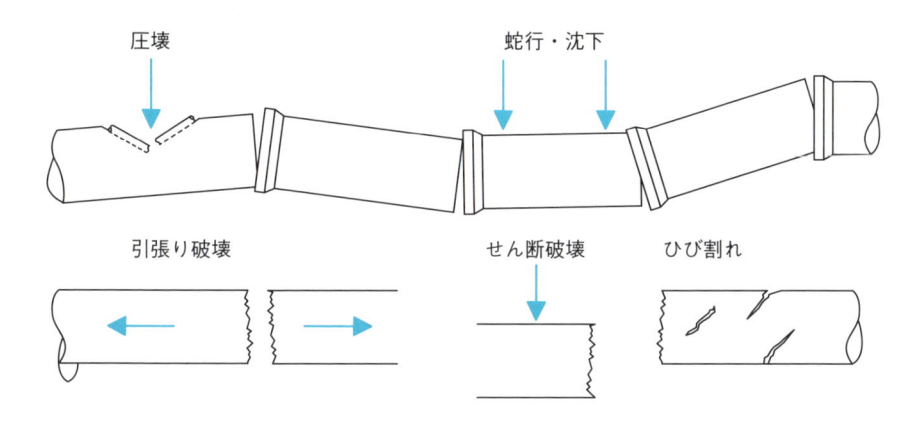

図 3-7-2　基礎工の種類

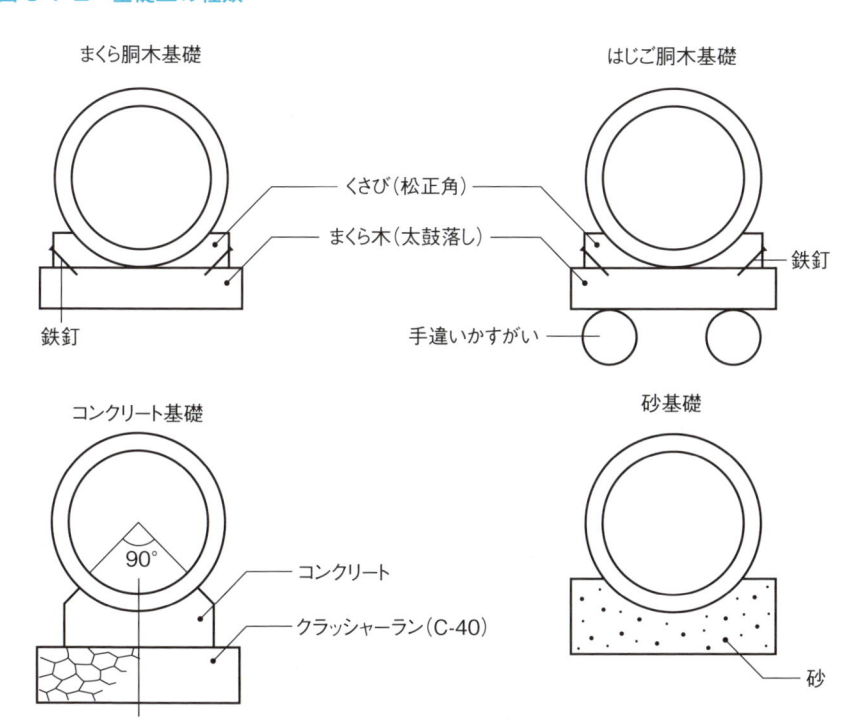

まくら胴木基礎　　　　　　　はじご胴木基礎

くさび（松正角）
まくら木（太鼓落し）
鉄釘
鉄釘
手違いかすがい

コンクリート基礎　　　　　　砂基礎

90°
コンクリート
クラッシャーラン（C-40）
砂

3・下水道のしくみ

3-8 下水管の施工方法

●下水管の敷設工法

　下水管の開削工法は最も一般的な工法で道路を地表面から掘削して下水管を埋設する工法です。しかし、下水管を布設する際に地表面から開削するのは、交通量の多い道路や工事による騒音・振動の発生、地下深い場所への布設など困難なことがあります。

　このような場合は、地表面からの開削をしないトンネル工法が選択されます。

●工事に先立つ準備工

　工事に先立つ手続きには、「道路法」、「道路交通法」に定める道路占用許可、道路使用許可申請を行い、承認・許可条件に従って工事を施工することになります。

　近隣居住者や工事範囲・資材搬入路が通学路に当たる場合は学校に対して、工事による交通規制、騒音・振動、地盤沈下対策、地下水位変動、工事の内容、安全対策について説明を行い、理解を得ることが必要です。

　道路内には、自治体の道路管理者があらかじめ道路内での位置を定めている下水管、ガス管、水道管・電話ケーブル、電線共同溝などの埋設物があります。工事対象管の位置、工事時期と期間、他の管への保護対策などについて了解を得ることが必要です。

●開削工法

　地面を掘削することは、常に危険をともないます。掘削により地中の力学的バランスが崩れて、バランスを保つ方向に土・地下水が移動しようとします。これが掘削による地盤の崩壊現象です。そこで地盤の崩壊を防止するため山留め工を行ないます（図3-8-1）。

地下水位が下水管布設高さより高い場合は地下水位を下げるために排水をして施工に入ります。水替えは、周辺の地下水位を低下させ地盤沈下や井戸の水位を下げる恐れがあるので十分検討の上、工法を選定します。

　なお、この排水した地下水は下水道法で汚水と分類されているので下水道管理者に必要な手続きを取ります。

　地下水位を下げる工法には、釜場排水工法、ウエルポイント工法などがあります。

　釜場排水工法は、掘削面の低い位置に釜場（排水ポンプを置く場所）を設け、地上の沈澱槽に排水します（図3-8-2）。

　ウエルポイント工法は砂質地盤に適した排水工法で、直径5cm程度の吸水管を1～2m間隔で地中に打ち込み真空ポンプで地上に汲上げて、掘削底面より地下水位を下げます（図3-8-3）。

　管布設は、計画した位置・高さ・勾配を確認し、管の継手部分の飲み込み長さが充分確保されていないと漏水や地下水進入の原因になります（図3-8-4）。

図 3-8-1　山留め工（切梁式山留め）

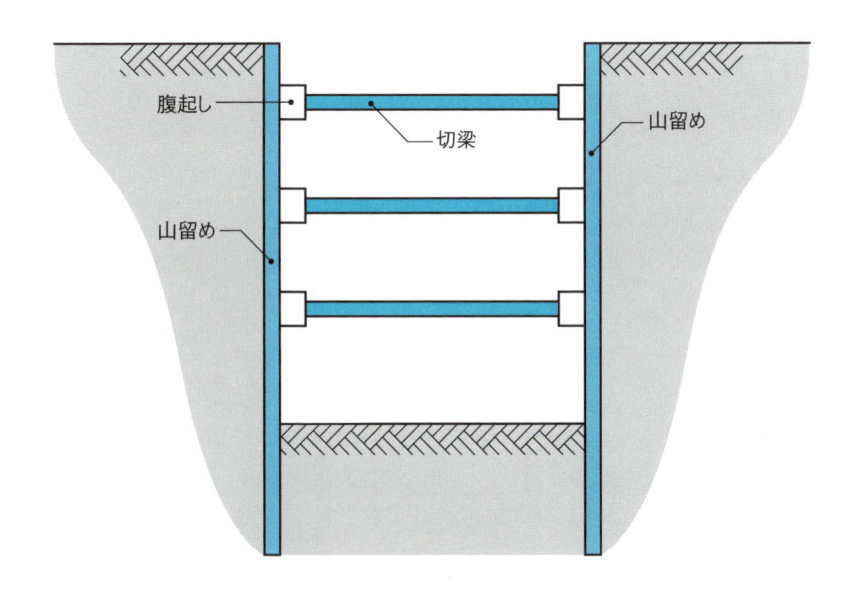

埋戻しは、一度に土を戻すのではなく、下方から順に30cmごとに埋戻し転圧します（図3-8-5）。

　特に、人孔との接点は、将来土の圧縮沈下によりせん断力が生じ管に悪影響を与えるので注意して作業します。

　仮設で使用していた山留め材は、クレーンなどで引抜き、撤去します。埋戻し後、一度仮復旧をして通行開放を行い、仮復旧路盤が落ち着いたらあらためて本復旧を行います。

● 推進工法

　推進工法は、発進立坑からジャッキの推力により下水管そのものを押し込む工法で、押し込まれた下水管は、前方の到達目標に向かって押し進みます。したがって押し込んだ長さが長くなるほど、大きな推進力が必要となるため施工延長に限界があります。

　推進の途中で障害物に遭遇する恐れもあるため、工事着手前には、下水管布設場所の要所を充分調査して障害物のないことを確認してから着工します。下水管の管径が150mm～700mmのものを小口径推進工法、管径800mm～3,000mmのものを大口径推進と分類しています。

図 3-8-2　釜場排水

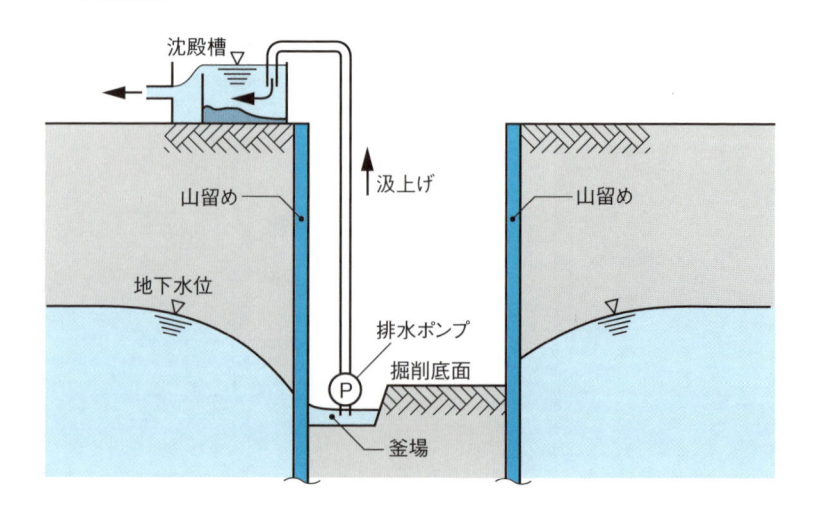

図 3-8-3 ウエルポイント工法

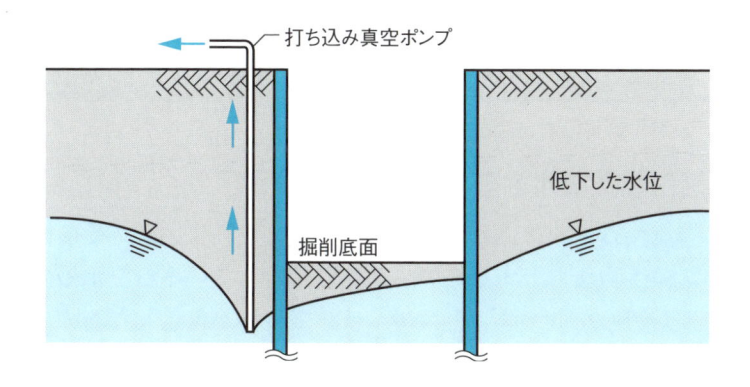

図 3-8-4 管布設

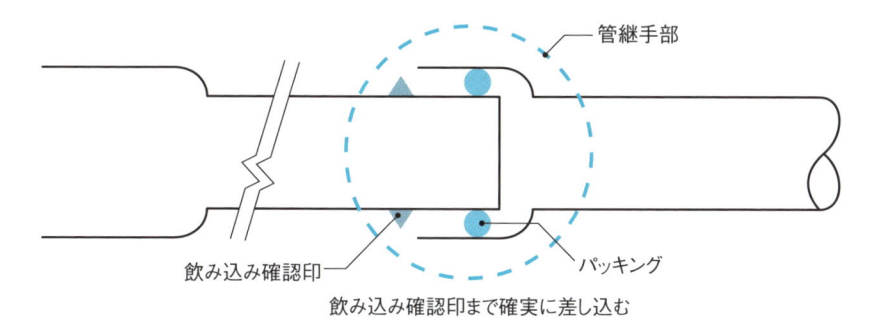

図 3-8-5 埋戻し

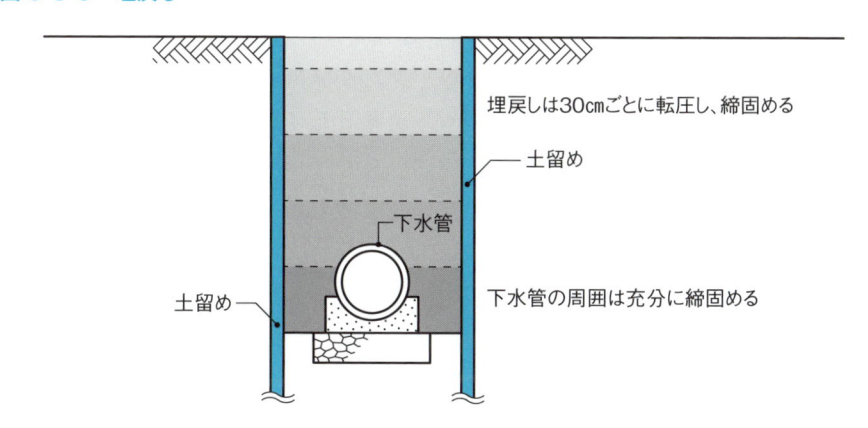

3-9 浄化は微生物の力で！

●微生物を活用した散水濾床方式

　川の水は、上流から下流に流れていく過程で浄化されますが、その働きをしていたのが、微生物たちです。この生物達が付着している石を水槽の中に詰め込み上部から汚水を散水すると、汚水は、微生物が付着した石の表面を滴り落ちて、下に流れてくるまでの間に浄化されます。

　この方法が、現在の活性汚泥方式が普及するまで下水処理で活躍していた散水濾過床方式です。

　水中で汚水の浄化に活躍している生物の中にも、特に汚れに強い特性の持ち主が存在します。この浄化のエキスパートたちを集め、活動しやすい環境を与えて、さらに浄化の効率を上げたらどうでしょうか。最近では、あまり見かけなくなりましたが、どぶ川の底には、水の流れに「ゆらゆら」揺れている綿毛状のものが付着しています。常日頃から、汚染度の高いどぶ川で生き残ってきたこれらの微生物は、細菌類、原生動物、後生動物などに分類されます（図3-9-1、図3-9-2）。

●微生物を活用した活性汚泥方式

　この生物たちを水槽に入れ、数週間空気を吹き込むことにより、「活性汚泥」といわれる茶色の綿のような塊（フロック）が発生します。この活性汚泥を利用した汚水の浄化法が、現在、最も多く普及している活性汚泥方式です。

　今のような頻度で自治体が、ごみの回収をしていない時代には、台所から出た生ごみを、庭に掘った穴に埋めていた家庭も多くありました。不思議なことに埋めてから1ヶ月もするとごみは、跡形もなく黒っぽい「ふかふか」した土に変化をしていました。土壌の中にも水中と同様、多くの微生物が生息しており、彼らの活躍の結果です。この土壌中の微生物の活躍を汚水の処理に利用しているのが、土壌処理法です。

　土壌は、まさ土、黒ボク土、赤玉土などのような透水性の良い土が適して

います。土壌では、濾過および吸着、微生物による分解が行われ、有機物、窒素、燐などが除去されます。

工法は、深さ50〜100cm、幅30〜50cmの溝を堀り、その中に敷設した有孔管により汚水を流し込みます。汚水は、周りの土中に浸み込みます。大規模な都会の公共下水処理場より、比較的小規模な処理場向きです。

下水処理の基本的な浄化システムは、水中や土中に生息する様々な微生物達の活躍で支えられています。

図 3-9-1　活性汚泥生物の種類

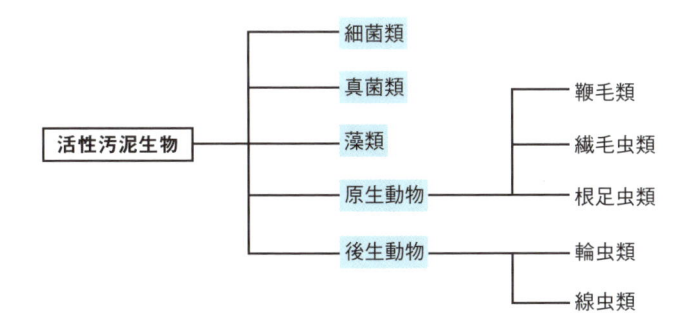

活性汚泥生物
- 細菌類
- 真菌類
- 藻類
- 原生動物
  - 鞭毛類
  - 繊毛虫類
  - 根足虫類
- 後生動物
  - 輪虫類
  - 線虫類

図 3-9-2　下水処理で活躍する微生物の例

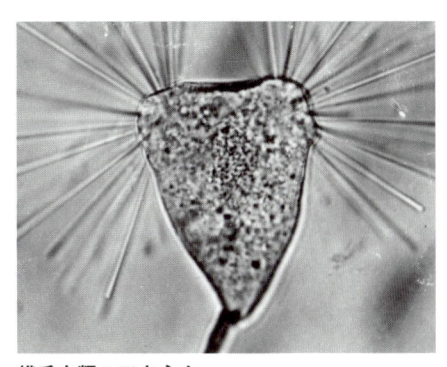

繊毛虫類：アキネタ

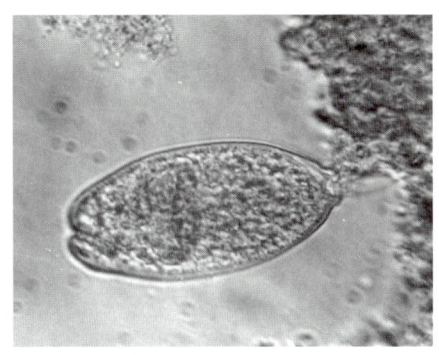

繊毛虫類：ボルティセラ

3-10 下水の段階処理方式

●段階処理の必要性

　下水道のように、生活排水や工場排水など多くの物質を含む水の処理は、ひとつの槽で一活処理をしたり、1種類の浄化方法では浄化はできません。そこで、いくつかの処理段階に分けて、その段階ごとの特徴を生かして浄化効率を高めています。

　下水の処理は、大きく分けると1次処理、2次処理、3次処理の過程を経て浄化のレベルを上げています（図3-10-1）。

　歴史的にみると、初期の下水処理は、1次処理段階でした。1900年代に入り散水路床方式や活性汚泥法式による2次処理の段階に入りました。さらに、近年、窒素や燐などにより河川の汚濁が進み、その対策として、3次処理が行われるようになりました。

　1次処理は、19世紀から20世紀前半に利用されていた腐敗槽、インホフタンクなどのように有機物を腐敗分解し、浮遊物は静置することにより槽の下部に沈殿分離し、上澄み水を放流する方式です（図3-10-2、図3-10-3）。

図 3-10-1　下水の段階処理

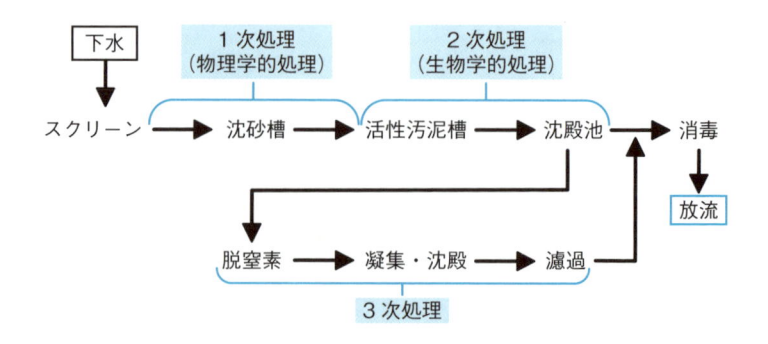

● 段階ごとの処理工程

　現在の活性汚泥法で下水処理を行っている処理場でも、スクリーンの後に最初沈殿池を設けて、そこへ下水を静かに流し、比重が大きい砂や懸濁物を沈殿させます。上澄み水は、次の活性汚泥槽に送ります。ここまでが、1次処理で物理学的処理ともいわれています。流入してきた下水中のBODの除去率は25～35％程度といわれています。

　活性汚泥槽では、活性汚泥と沈殿池からの上澄み水とが混合され、有機物の分解が行われており、生物学的処理といわれています。次に、最終沈殿池に流入します。ここで汚泥は沈殿し、上澄み水は塩素などにより消毒され放流されます。

　この段階までが、2次処理です。BODの除去率は、85～95％で、濃度では、20ppm程度になります。

　しかし、放流先の水域で、BODの値が20ppm以下や窒素や燐の規制をしている場合は、2次処理の水質では、規制を常に安定して下回ることが困難なため、脱窒素装置、凝集沈殿法、砂濾過、さらには、活性炭吸着装置のような高度処理施設が必要になります。この段階が3次処理です。BODの濃度は、5ppm程度となります。

図 3-10-2　腐敗槽の構造

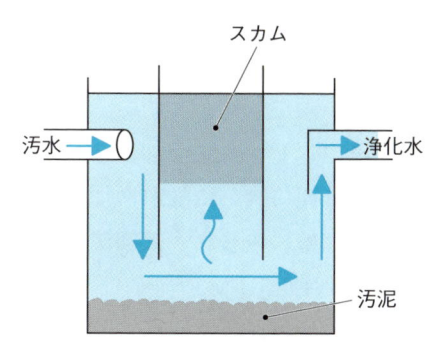

腐敗槽は、油脂、繊維、固形物などが、嫌気性消化ガスとともに浮上したスカムと上澄み水を分離する

図 3-10-3　イムホッフタンクの構造

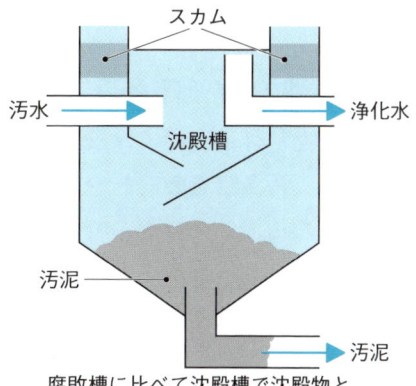

腐敗槽に比べて沈殿槽で沈殿物と上澄み水の分離がスムーズになる

3-11 下水処理場のシステム

●下水処理の流れ

処理施設に流入した下水は、沈砂池でごみや砂が取り除かれます（図3-11-1）。

最初沈殿池では、流入した下水が静かに下流方向に流れていき、その途中で沈砂池では取り除けなかった細砂などが槽の下部に沈降します。この沈殿した汚泥は、処理系統から除かれ、汚泥濃縮槽に送られます（図3-11-2）。

最初沈殿池の上澄み水は、活性汚泥槽に流入して「活性汚泥」とよばれる微生物の塊（フロック）と混合し、好気性に保つため空気と撹拌します。

水中の有機物は、この段階で炭酸ガスと水に酸化分解されます。その後、最終沈殿池で活性汚泥フロックを沈殿させます。

最終沈殿池で汚泥と分離した上澄み液は水面に設置された堰から流出し消毒槽に送られ、塩素消毒した後放流されます。

なお、この段階で流入下水がBOD濃度200〜250ppmだったのが、10〜20ppm程度に減少しています。

しかし、放流先河川が、このBOD値を下回る水質規制をしている場合は、3次処理施設を設け水質規制値以下になるよう、さらなる浄化を行います。

●下水浄化は水処理と汚泥処理

沈殿した活性汚泥のフロックは、活性汚泥槽に返送されます。しかし、活性汚泥は、汚濁物を吸着し分解を繰り返している間に次第に量が増加します。

増加した汚泥は、処理系統から除かれ汚泥濃縮槽に送られ、最初沈殿池の汚泥と同じように含水率を下げ、容積を減らします。

濃縮された汚泥は、次の汚泥処理工程に送るため汚泥貯留槽に一時的に貯留します。

図 3-11-1　処理施設の外観

曝気槽

沈殿池

図 3-11-2　下水処理の流れ

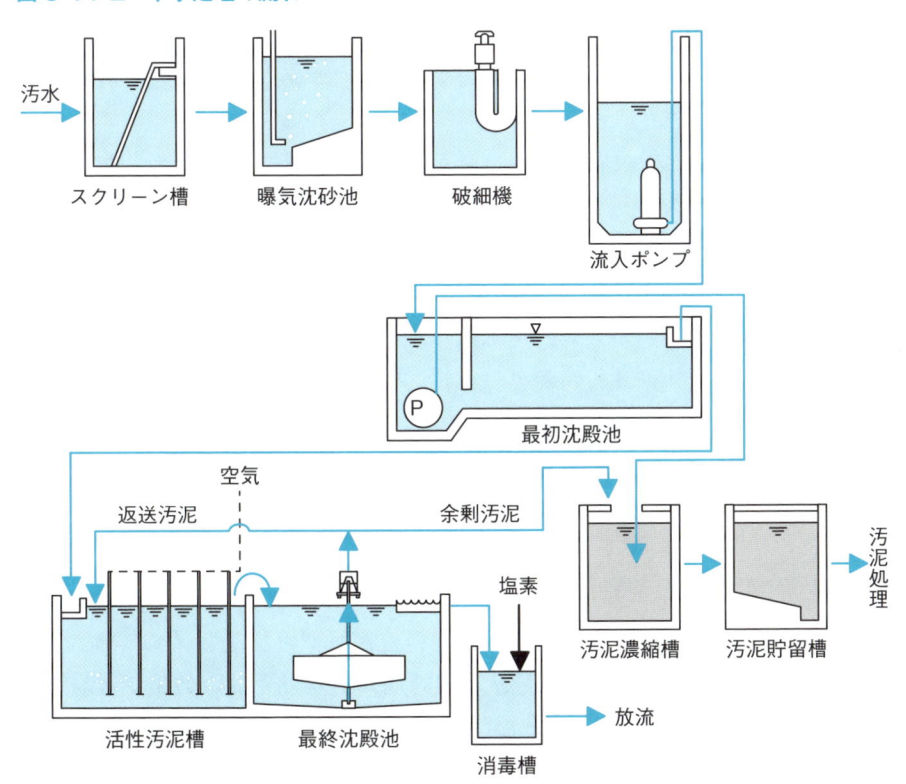

汚水 → スクリーン槽 → 曝気沈砂池 → 破細機 → 流入ポンプ → 最初沈殿池 → 活性汚泥槽（空気、返送汚泥）→ 最終沈殿池 → 消毒槽（塩素）→ 放流

余剰汚泥 → 汚泥濃縮槽 → 汚泥貯留槽 → 汚泥処理

3・下水道のしくみ

3-12 活性汚泥方式

●活性汚泥法の機能

　活性汚泥法とは、活性汚泥という細菌類や原生動物(ゾウリムシやツリガネムシなど)が大量に生息している褐色の泥を活用した下水を浄化する技術です。イギリスで1914年に初めて実用化されました。日本では、1930年に名古屋市で初めて建設されました。

　それまで普及していた散水濾床法と比較すると面積を取らないことや浄化能力が高いなどの理由で最も普及している下水処理法です。

　汚水と活性汚泥は、活性汚泥槽で多量な空気を吹き込み撹拌します。活性汚泥に付着し浄化に働く微生物は、好気性生物ですから、有機物の分解時に酸素が必要になります。

　空気を吹き込むことを散気または曝気といいますが、槽内に散気板、散気管などを取付け、空気を細い気泡状として、吹き込みます(図3-12-1)。散気式の他に、水面をプロペラまたは水車で撹拌する機械撹拌方式もあります(図3-12-2)。

　ある一定時間混合曝気された汚水は、次の沈殿池に送られ上澄み水と沈殿汚泥に分離されます。沈殿汚泥の一部は、活性汚泥槽に戻され残りは、汚泥濃縮槽に送ります。

　また、活性汚泥槽で槽の容積1㎥当たりどの位の汚濁量が浄化可能かを表す指標をBOD負荷といい、BODkg／㎥・日で表します。

●活性汚泥槽の汚泥管理

　活性汚泥槽では、汚水と活性汚泥の混合液が好気性状態を保つため、活性汚泥濃度(MLSS)および曝気量、滞留時間が最も効率的な数値で運転管理を行います。

　活性汚泥は、下水中の汚濁物の吸着と分解を行い自らも増殖します。このため、MLSSの濃度が、効率的な運転範囲を超えた場合は、処理系統から除

外します。これが、余剰汚泥です。

図 3-12-1　散気式曝気槽

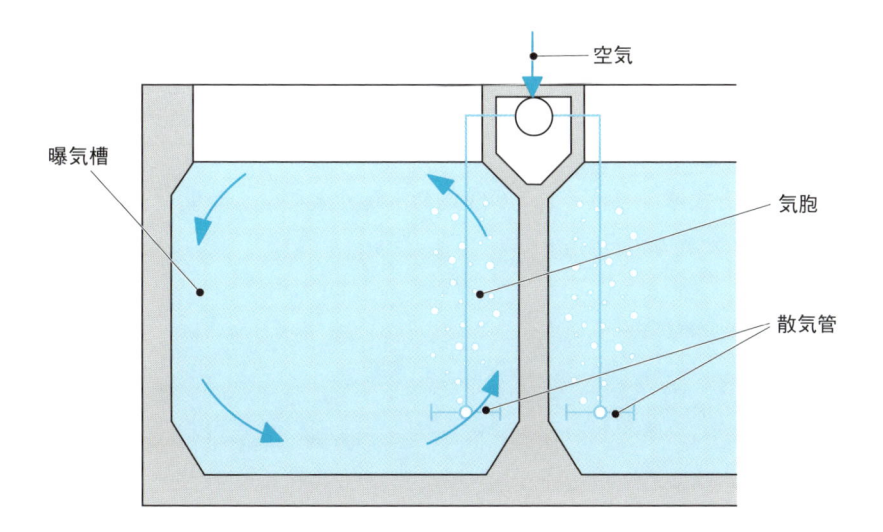

図 3-12-2　機械撹拌式曝気槽

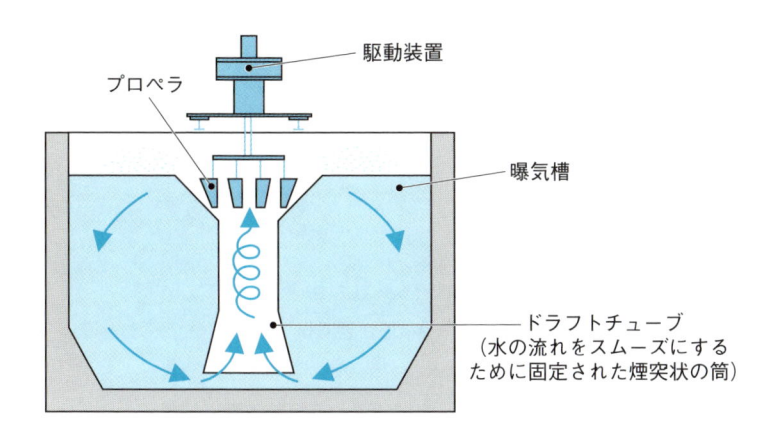

●多様な活性汚泥方式

　活性汚泥方式には、処理施設の立地条件により、標準活性汚泥法に対して、BOD負荷の与え方や運転操作法を変える方が効率的な場合があります。そのため、長時間曝気法（図3-12-3）、ステップエアレーション法（図3-12-4）、オキシデーションディッチ法（図3-12-5）、回分式活性汚泥法（図3-12-6）などの方式があります（表3-12-1）。

　これらの各方式は、それぞれBOD負荷、汚水との混合時間、槽内の汚泥濃度（MLSS）が異なります。

図3-12-3　長時間曝気法

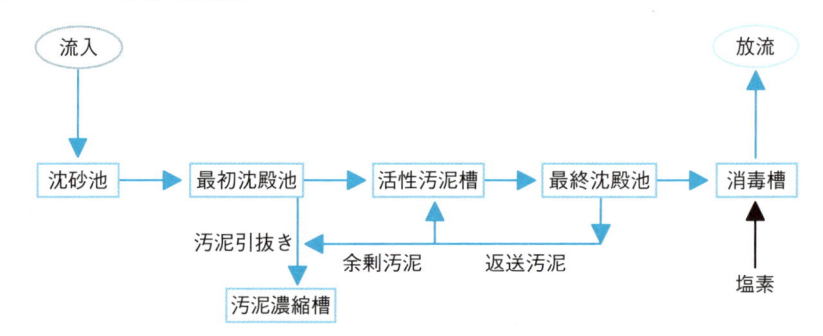

長時間曝気法と標準活性汚泥法は、処理の流れは同じ。長時間曝気法は、活性汚泥槽の容積は大きいが、汚泥の発生が少ない

図3-12-4　ステップエアレーション法

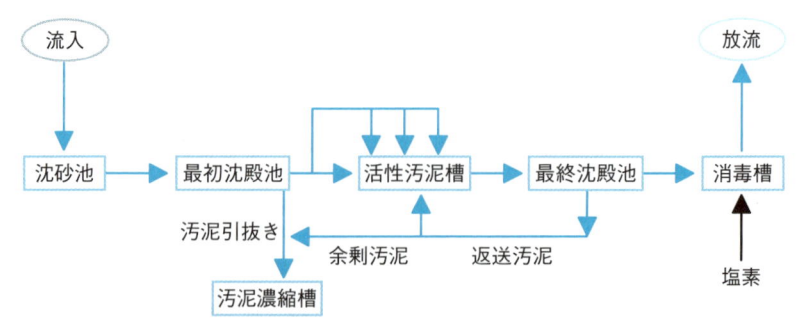

活性汚泥槽へ汚水を3～4箇所から流入させる。槽内の微生物の分布が均等になり浄化性能が効率的になる

図 3-12-5　オキシデーションディッチ法

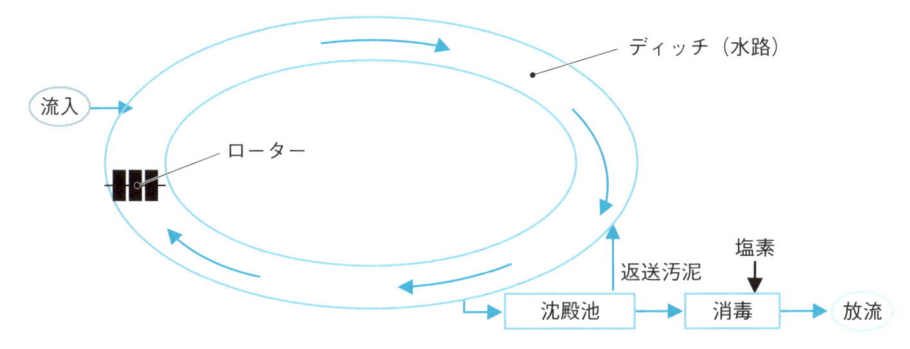

深さ1.0〜2.5mの環状水路。機械式撹拌で汚水と活性汚泥の流動と酸素供給を行う。最初沈殿池は設けない。曝気部分が限定されるのでディッチ（水路）内が好気と嫌気状態にわかれ窒素除去が可能

図 3-12-6　回分式活性汚泥法

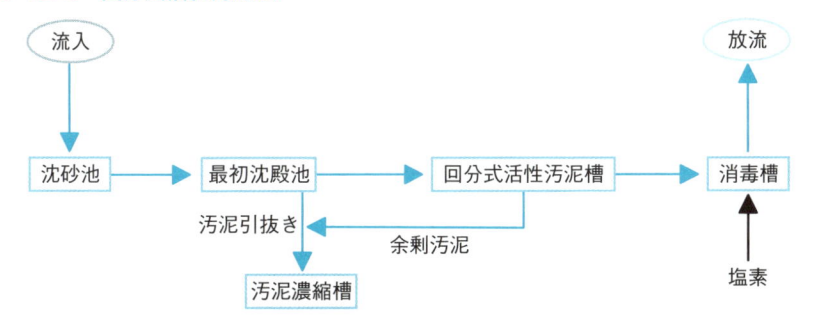

回分式活性汚泥槽は最終沈殿池を兼ねている。回分式活性汚泥槽の操作は、汚水流入→曝気→曝気停止→汚泥沈殿→上澄水排出の作業を繰り返す

表 3-12-1　おもな活性汚泥方式の特性に応じた管理条件

活性汚泥の処理方式	BOD負荷 (kg/m³)	MLSS (mg/ℓ)	曝気量 (倍/m³)	混合時 (時間)
標準活性汚泥法	0.3〜0.8	1,500〜2,000	3〜7	6〜8
長時間曝気法	0.15〜0.25	3,000〜6,000	15以上	16〜24
ステップエアレーション法	0.4〜1.4	1,000〜1,500	3〜7	4〜6
オキシデーションディッチ法	0.1〜0.2	3,000〜4,000	—	24〜48
回分式活性汚泥法	0.3〜0.8	3,000〜6,000	3〜7	6〜16

3・下水道のしくみ

3-13 余剰汚泥の処理

●余剰汚泥の発生量と減量化

　汚泥とは、下水を浄化した結果、除去された汚濁分で、浄化の程度を高めれば増えてきます。

　この汚泥は、含水率98〜99％で有機物が多く、放置すると短時間で腐敗し、悪臭を放つので、次の点を考慮し、速やかに処分します。

①汚泥中の水を減じて容量を小さくする。
②臭気や外観が不快でないようにする。
③汚泥中の肥料成分やエネルギー源を利用できるようにする。

　そのために、汚泥を汚泥濃縮槽に入れ槽の下部に沈殿・濃縮させ、含水率を下げて容量を減らし、上澄み水は処理系統に戻します。汚泥濃縮層は、円形または方形、汚泥の吸上げなどを考慮して、通常水深は、2〜5mです。

●減量化のための処理過程

　濃縮された汚泥の含水率は、通常、96％程度で、さらなる容量の減量化のため、消化、脱水、乾燥、焼却、溶融の処理過程を組み合わせて処理します。

　消化は、密閉した無酸素状況のタンクの中で加温し、消化分解を行います。メタンガスなどの副産物が発生するため嫌気性消化が多く使用されます。減量した汚泥は、脱水に移行します。脱水方法は、遠心力脱水、真空脱水、加圧脱水などがあります（図3-13-1）。

　乾燥は、脱水工程を経た汚泥を天日、熱風、乾燥空気になどにさらし含水率を下げ取り扱いやすくします。焼却は、脱水汚泥を、高温で焼却すると有機物は分解され無機物の灰状となり、容量も大幅に減少します。しかし、燃焼に要する燃料費や焼却に際する排ガス設備が必要になります。溶融は、汚泥や焼却灰を高温で燃焼し、溶融させ冷却します。汚泥は、臭気も無い無機物のスラグになり、容量は激減します。

図 3-13-1　汚泥の脱水方法

遠心力脱水

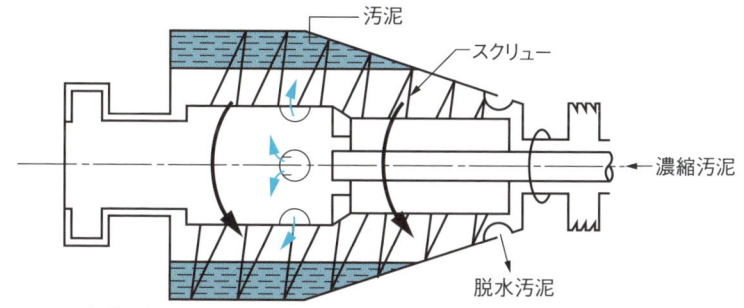

高速回転するスクリューにより、水分と汚泥を分離する

真空脱水

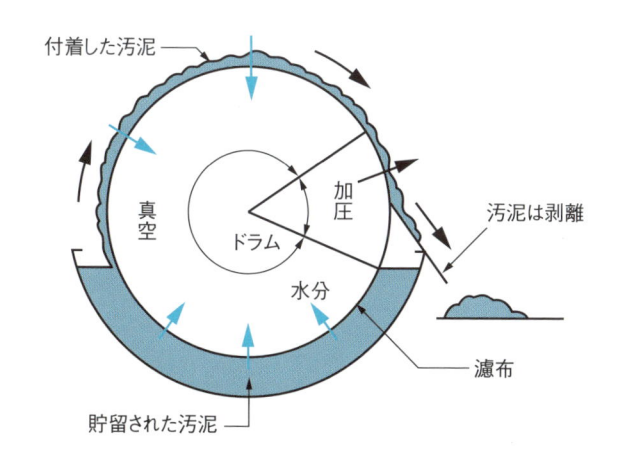

濾布に付着した汚泥の水分を真空圧で吸取り脱水する

加圧脱水

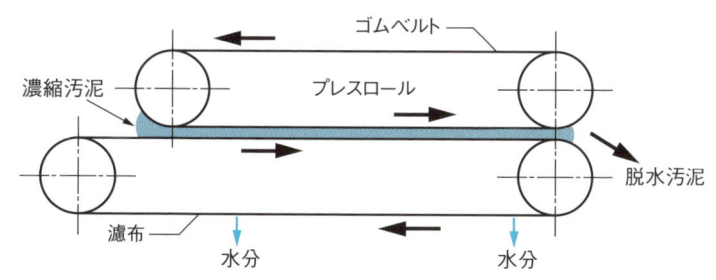

回転するゴムベルトと濾布の間に汚泥を注入し圧迫により脱水する

3-14 汚泥の再利用

●海洋投棄廃止でリサイクル促進

下水汚泥は、下水処理の浄化の過程で取り除かれた汚濁分で下水処理場の沈殿池の沈殿土砂と余剰汚泥です。

下水道が普及し始めてから近年まで、余剰汚泥は緑農地での利用と埋立て、海洋投棄が行われていました。しかし、1996年には、汚泥のリサイクルを促進させるため、下水道法の改正で減量化が義務付けとなり、さらに2007年以降には、廃棄物の処理清掃に関する法律の改正により、海洋投棄は禁止されました。

その結果、2009年度の発生汚泥量約217.5万（DS-t）に対してリサイクル率は77％になりました。しかし、埋立処分については、用地の減少で今後の継続は困難であり、さらなる再利用促進が必要とされます（図3-14-1）。

●用途別リサイクルの現状

リサイクルの内訳は、建設資材利用（60.2％）、緑農地（14.5％）などに大別されます（図3-14-2）。

建設資材利用におけるリサイクル

汚泥を焼却すると焼却灰になります（さらに高温で溶融するとスラグが発生します）。焼却灰はセメント原料（砂の代替品）としての利用が増加しています。それ以外では、道路の路盤材、レンガ、土管、ブロックの骨材として利用しています。

緑農地利用におけるリサイクル

汚泥中には、植物の3大肥効成分である窒素、燐、カリを始め、多くの肥料成分が含まれています。しかし、下水の水質が、季節や曜日などにより変化し、肥料成分が一定しないため、肥料としてより土壌改良材（コンポスト）として利用する例が多くみられます。

また、工場排水が流入している場合は、肥料取締法による有害金属の含有

量が規制されます。下水汚泥のコンポスト化は、衛生面、安全性、肥効性、取扱いの容易さが重要になります。

その他のリサイクル

機械により脱水した汚泥を蒸焼きにした活性炭状の脱臭剤、焼却灰を陶土に混ぜた花瓶、結晶化したスラグを研磨加工したネクタイピンやペンダントなどがあります。

図 3-14-1　汚泥の用途別リサイクル率の推移

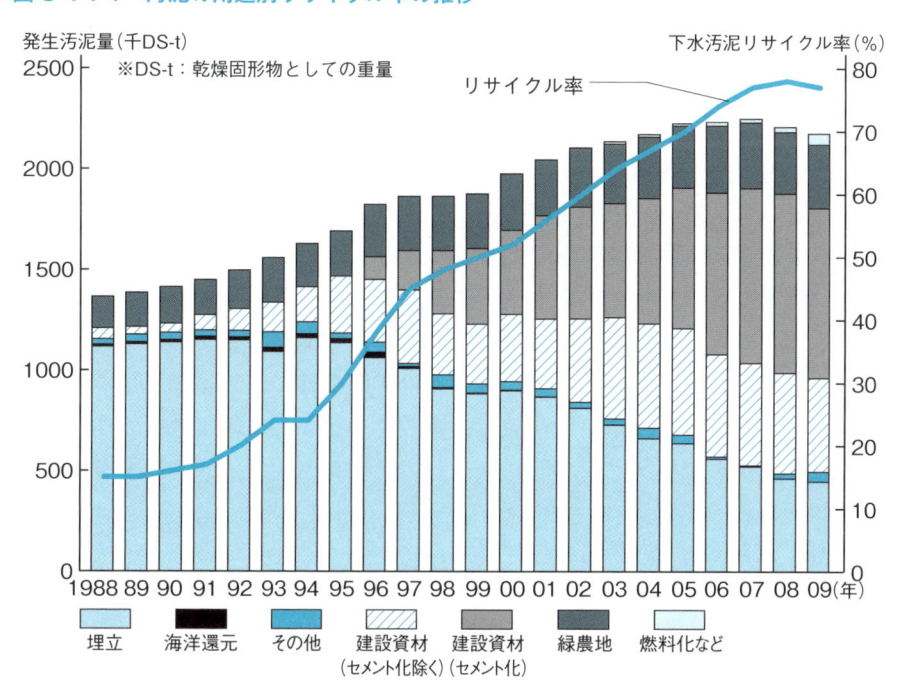

凡例：埋立／海洋還元／その他／建設資材（セメント化除く）／建設資材（セメント化）／緑農地／燃料化など

図 3-14-2　汚泥のリサイクル用途

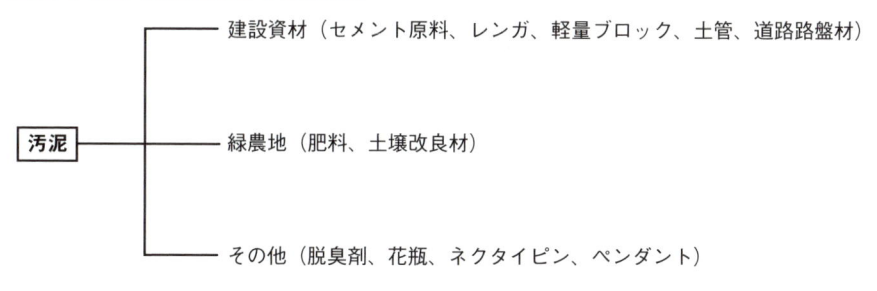

汚泥
- 建設資材（セメント原料、レンガ、軽量ブロック、土管、道路路盤材）
- 緑農地（肥料、土壌改良材）
- その他（脱臭剤、花瓶、ネクタイピン、ペンダント）

3-15 閉鎖系水域の富栄養化

●燐（P）

　水中に存在するすべての燐化合物は、有機体燐、オルト燐酸態燐、重合燐酸態燐などの形で存在します。オルト燐酸態燐は、PO_4-P で存在します。有機体燐、重合燐酸態燐も水中では、時間とともに分解されオルト燐酸態燐になります。窒素と同様に栄養塩類といわれ、河川、湖沼、海域の富栄養化の原因とされており、水質汚濁の指標のひとつです。燐は生活排水、工場排水、農業・畜産排水に起因します。

　琵琶湖、東京湾、伊勢湾などの閉鎖系水域においては、富栄養化防止のため排水中の燐については、厳しい規制がかけられています。

　燐や窒素などの栄養塩類が水中に多く存在すると藻類や植物プランクトンは、それらを吸収し光合成を行うことで異常な繁殖をします。

　この現象は、湖沼ではアオコ、海域では赤潮などです。増殖しすぎた植物プランクトンなどは、やがて死滅し、腐敗を起こすことにより、水中の酸素を消費し硫化水素やメタンなどを発生し、魚介類へ大きな悪影響を与えます。

●窒素（N）

　窒素は、植物の生育には、リン（P）、カリウム（K）などとともに重要な元素です。しかし、窒素を多く含む河川水が、湖沼、内湾などの閉鎖性水域に流入すると燐と同様に富栄養化を起こし水質汚濁の原因になるため水質汚濁の指標のひとつになっています。

　水中に存在するすべての窒素化合物は、総窒素（total nitrogen T-N）とよばれ、有機体窒素、アンモニウム態窒素（NH_4-N）、亜硝酸態窒素（NO_2-N）、硝酸態窒素（NO_3-N）から構成されています。

　好気性の状態では酸化作用によりアンモニウム態窒素から亜硝酸態窒素さらに硝酸態窒素へと変化していきます。逆に嫌気性状態では、硝酸態窒素から亜硝酸態窒素、さらにアンモニウム態窒素と逆に変化していきます。この

変化の途中で、脱窒菌の働きにより亜硝酸態窒素や硝酸態窒素の窒素分は、窒素ガスとして空気中に放出されます。この働きは、窒素除去方式の生物消化方式などで活用されています。

湖沼および海域については燐（T-P）とともに窒素（T-N）の環境基準が定められています。

しかし、通常の活性汚泥法などの2次処理では、窒素や燐についての浄化効果は、環境基準を満足させることは困難なので、3次処理を行うことになります（図3-15-1、図3-15-2）。

図3-15-1　排水中の窒素・燐の発生源内訳

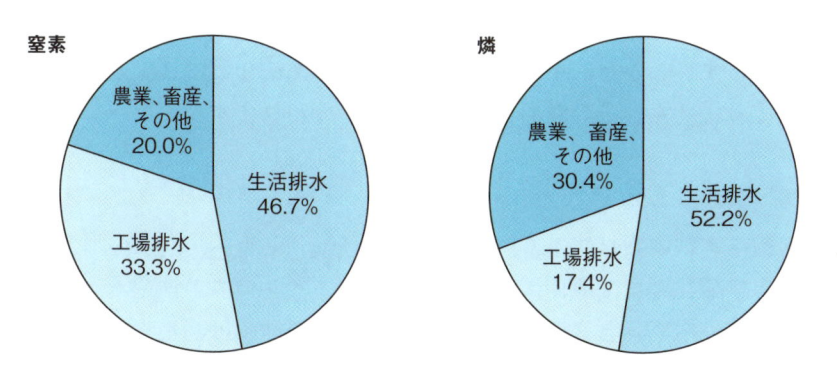

窒素
- 生活排水　46.7%
- 工場排水　33.3%
- 農業、畜産、その他　20.0%

燐
- 生活排水　52.2%
- 工場排水　17.4%
- 農業、畜産、その他　30.4%

（「東京湾における化学的酸素要求量等に係る第7次総量削減計画（神奈川県）」をもとに作成）

図3-15-2　富栄養化のしくみ

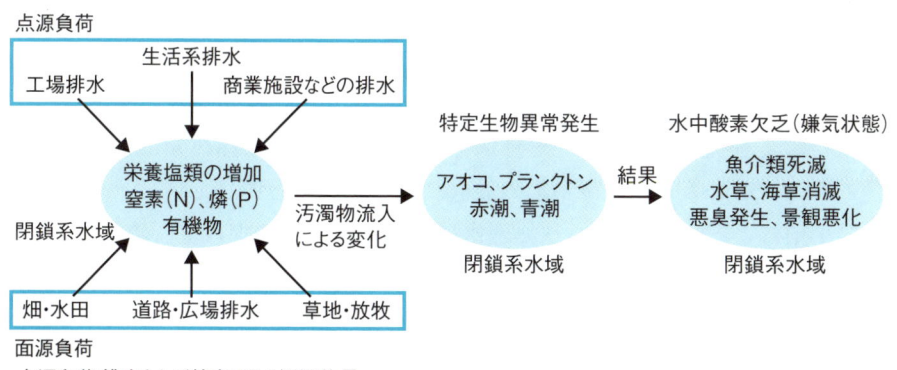

点源負荷
- 工場排水
- 生活系排水
- 商業施設などの排水

閉鎖系水域
→ 栄養塩類の増加　窒素(N)、燐(P)　有機物

面源負荷
- 畑・水田
- 道路・広場排水
- 草地・放牧

汚濁物流入による変化 → 特定生物異常発生　アオコ、プランクトン　赤潮、青潮（閉鎖系水域） → 結果 → 水中酸素欠乏（嫌気状態）　魚介類死滅　水草、海草消滅　悪臭発生、景観悪化（閉鎖系水域）

点源負荷:排出もとが特定できる汚濁物量
面源負荷:広く面的に排出され汚濁源が特定困難な汚濁物量

3-16 下水の3次処理

● 3次処理の必要性

　下水処理は、除去しやすいものから段階を追って浄化をしています。通常、河川などの公共用水域へ放流している2次処理段階の処理水は、BOD値が10～20ppm、窒素20ppm、燐10ppm程度です。

　しかし汚濁が進んでいる河川や東京湾や琵琶湖の様な閉鎖性水域では、これ以上の水質汚濁を防ぐため、通常の規制値より厳しい上乗せ水質規制を行っています。しかし、その規制値は、活性汚泥法などの2次処理では、通常達成できません。そのために、3次処理が行われます。

● 3次処理の工程

　アンモニア性窒素は、下水中にアンモニアやアンモニウム塩の形で存在し、アンモニア酸化細菌や亜硝酸酸化細菌により、アンモニア性窒素→亜硝酸性窒素→硝酸性窒素へと変化します。また、窒素の減少は、生物学的消化→生物学的脱窒の工程を経て行われます。

　脱窒対象の2次処理水を無酸素状態にすると、今まで好気性状況下で窒素の酸化に働いていた細菌や微生物たちが、今度は、逆に窒素と結びついていた酸素を奪います。その結果、窒素は、窒素ガスとなり水中から大気中に発散されます。

　燐の除去は、生物による脱燐法と凝集剤による脱燐法があります。

　生物による脱燐法は、2次処理水を好気性部分と嫌気性部分にわかれた水槽の中で、燐を吸着する微生物の働きにより脱燐します。

　凝集剤による脱燐法は、2次処理水に鉄塩やアルミニウム塩（硫酸バンド）などの凝集剤を投入し、水中の微細な浮遊物とともに燐酸イオンを凝集させ、次の工程の沈澱池で脱燐された上澄み水と凝集沈殿した汚泥とに分離します。

　この後の工程として、上澄み水は、砂とアンスラサイト（石炭が破砕された粒）からなる濾過槽で濾過がされます。

この段階で BOD は、5〜10ppm、窒素 10ppm、燐 0.5ppm、COD10ppm 程度になります。

さらに、処理水の浄化程度を上げる場合は、この後に、活性炭吸着装置を設ける場合があります。活性炭は、粒の内部に細かい穴が無数に広がっており、表面積が大きく、生物が付着しやすく繁殖に適しています。このため、濾過作用と微生物の働きにより、浄化効果が大きいとされています。

この3次処理水は、上乗せ水質規制に対応できるとともに、せせらぎやビオトープの原水、中水道などとしても使われます（図 3-16-1）。

図 3-16-1　3次処理の流れ

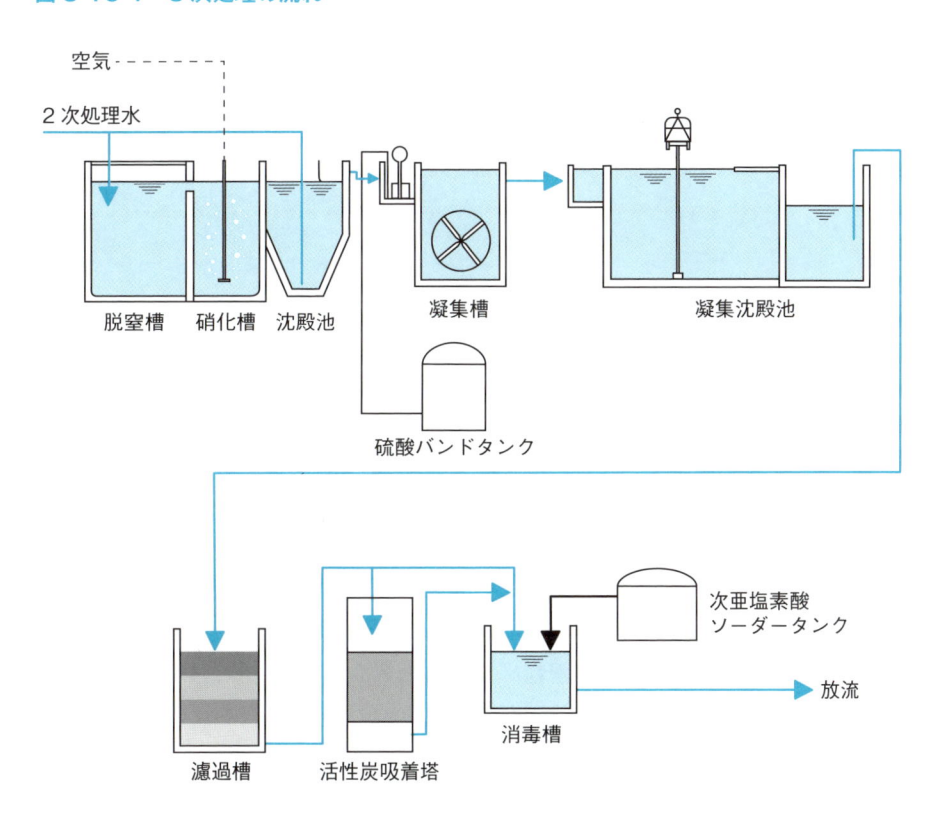

❗ 水洗トイレ以外のトイレ ― バイオトイレ

　バイオトイレとは、近年、日本国内ばかりではなく、水不足や衛生問題で悩む発展途上国においても注目されているトイレです。

　このトイレの簡単な機能をご紹介します。まず、バイオトイレは水洗ではありませんから、水を必要としません。便座の下部に槽があり、その中に、通常、のこぎりの削りかすである「おがくず」が入っています。屎尿は、この槽に落ち込み直ちに、「おがくず」と混合されます。電動の撹拌装置がゆっくり動き混合されます。

　この槽の中は、「おがくず」や屎尿中の微生物により発酵し、60〜70℃の発熱作用もあり、屎尿を分解します。発酵熱により大腸菌群や寄生虫など人体に有害な微生物は生息できません。

　定期的に「おがくず」は取り出し、新しいものを補充します。取り出した「おがくず」は、さらさらのコーヒの粉状で臭気も少なく、農作物に適した成分を多く含んでいますから、そのまま、花や菜園に有機肥料として還元できます。

　また、下水管や河川などに放流する配管は、不必要です。寒冷地においても、発酵は、自らの熱で行うので、電気などの加温は必要ありません。

　現在、次のような分野で利用され注目を集めています。

①下水道がない離島や山岳地域、観光地のトイレなどで使用。既に、富士山や北海道の旭山動物園の公衆トイレに設置。
②バイオトイレは臭気がほとんどしないため、室内やベッドの脇に置いておくことが可能です。病人や老人介護用イス式バイオトイレとして利用。
③水不要のため、避難場所に指定されている施設やイベントなどの仮設トイレ、さらに、寒冷地の公衆便所としての利用。

　しかし、バイオトイレは、下水道処理区域では使用できません。建築基準法で「下水道処理区域では水洗便所以外の便所は常設できない」と定められているからです。利用者の状況に応じて水洗トイレとバイオトイレを使い分け、両者が共存して使用されるようにと法規の規制緩和が望まれています。

第4章

上下水道の環境

都市の気象変化、汚濁源の増加、
水不足など上下水道を取り巻く環境は変化しています。
一方、規制の強化、施設の老朽化、生成物の処理など
課題も多く抱えています。

4-1 水道水源の保全と管理

●森林に守られた水道水源

　日本列島は、森林面積が国土の66％を占める自然豊かな土地です。

　降雨量も世界平均に比べ多く、降った雨の多くは、落ち葉などの腐食した土壌を経て地下にしみこんで地下水となります。その水は、湧き水となり河川の水源となります。

　森林は、降雨水を地中に浸透させるほか、地表面の侵食防止や土壌生物の生育環境保全など様々な役割を果たしています（図4-1-1）。

　このため、各地の水道企業体は、主水源の水源地帯に水源林を確保し、保護を行っています。特に、給水人口が多い東京都は、水源のひとつである奥多摩湖の上流域に約22,000haにおよぶ水源林を所有・管理をしています。

　水道の水源の多くは、このような森林に守られている河川から取水し、浄水場を経て利用者に給水されています。

●水道水源の汚染

　健康な人から病気の人、胎児から老人、すべての利用者が、健康で安心して清浄な水質の上水が利用するためには、水道の原水となる水、すなわち水源水が、ウイルス、細菌などの病原菌や化学物質、有機物、放射線などによる汚染の心配が無いものとされています。

　最近の水道原水では、次の汚染が問題視されています。

①化学物質では、工業用洗剤や農薬などが原因とされ、発がん性、生殖毒性、遺伝毒性などが危険視されている環境ホルモン。

②生物では、下痢、急性胃腸炎、伝染病の原因になるクリプトスポリジウムなどの原虫類やコレラ菌などの病原菌、ウイルス類。

　2012年には、利根川水系の浄水場で国の基準値（1ℓあたり0.08mg）を上回る濃度のホルムアルデヒド（シックハウス症候群の原因物質の1つとされ、発がん性も指摘）が検出され群馬県、茨城県、埼玉県、千葉県の浄水場

が取水を停止・制限する事故も発生しました。

●水源地の保全

　近年、山地の住民に大事に育てられてきた森林が、荒廃し始めたといわれています。その理由として、海外からの安い木材の流入による木材価格の低下、世襲で技術や労力提供が行われてきた林業家の後継者不足、地域の人口減少などです。

　さらに、外国資本による水源地地域の買収問題も発生しています。水質が良い湧き水や地下水が採水される土地を買収し、その水を利用し様々な商売が可能だからです。都会地では規制されている地下水の取水規制もありません。

　国土利用計画法では、森林地の多くが該当する都市計画区域外の土地売買は、1ha以上の場合は届出の義務がありますが、それ未満はありません。森林法にも、土地取引に関する規制はありません。

図 4-1-1　林地土壌への浸透効果

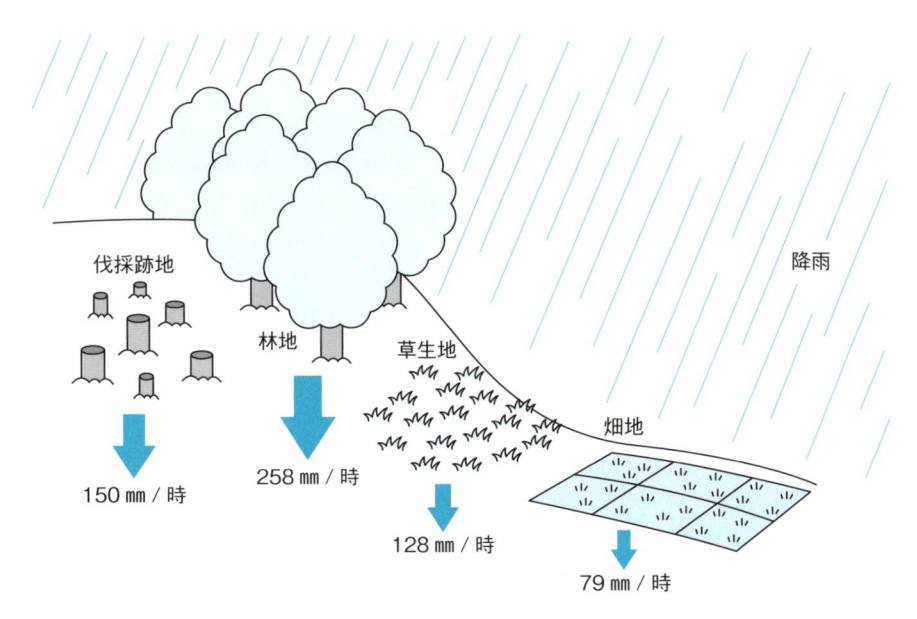

（図：伐採跡地 150 mm/時、林地 258 mm/時、草生地 128 mm/時、畑地 79 mm/時、降雨）

4-2 水不足と節水対策

●古くから行われていた水不足対策

　日本は、古代から稲作を中心にした農業国で、降雨量の減少による水不足は、食料不足のみでなく社会経済へも大きな影響を与えてきました。
　為政者も水不足に備え河川や水路、貯水池などの灌漑施設の整備に力を注いできました。
　渇水による水不足は、昔から地震、津波などと並ぶ日本における災害のひとつでした。

●忍び寄る水不足の時代

　2000年に行われた第2回世界水フォーラムで「現在の人類は、100年前に比べ6倍の水を使用、2025年には、世界人口の半分の約40億人が水不足に苦しむ」といわれています。
　日本の水使用量は、横ばいですが、生活用水は表4-2-1で示すように増加しています。日本の年間降雨量は、2010年が1,560mmです。約1世紀前の1900年における年間降雨量は1,650mmですので、この110年間で90mmも減少しています。最近の20年～30年間の降雨状況は、異常少雨と異常多雨の変動が大きくなる傾向もみられます。少雨の年においては、渇水被害が発生しています。
　主要都市別の平年雨量に対する最大多雨と最少少雨を図4-2-1に示します。これによると、渇水被害を受けやすい都市の最小降水量は、平年の降雨量に対して、50％から70％しかありません。
　最近の地球温暖化における日本の水事情にどう影響をするのでしょうか？
　「日本の水資源」平成17年版に100年後の日本は、気温は2～3℃上昇するため現在の水事情が大きく変化し安定的な水利用が難しいとシュミレーションされています。
　水不足対策として、最近まではダム、貯水池、河口堰などの施設整備を

行ってきました。しかし、公共事業見直しに伴う予算の削減、自然環境保護問題、ダム建設に適した土地の減少、住民の移転問題などで施設の建設は困難になっています。

このため、社会の様々な分野において水使用の合理化、雨水利用、下水処理水の再利用などが進められています。いずれにしても、生活用水の多くは、降雨量の変動が大きい河川水に依存していますから、渇水の影響を受けやすい状況にあります。

表4-2-1 生活用水増加比率

	1975年	2008年	比率
生活用水	114億m³	155億m³	1.36
農業用水	570億m³	546億m³	0.96
工業用水	166億m³	123億m³	0.74
合計	850億m³	824億m³	0.97

図4-2-1 平年雨量に対する最大多雨と最小少雨の比

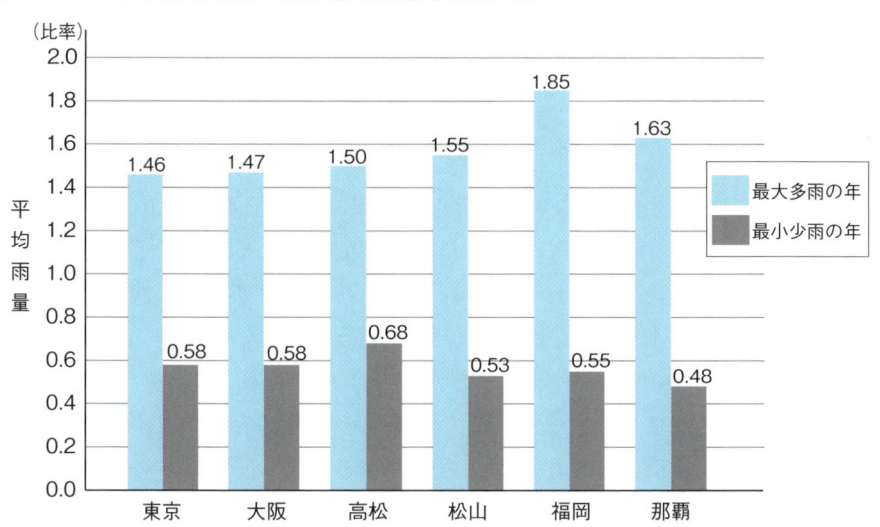

都市	最大多雨の年	最小少雨の年
東京	1.46	0.58
大阪	1.47	0.58
高松	1.50	0.68
松山	1.55	0.53
福岡	1.85	0.55
那覇	1.63	0.48

●水不足対策

渇水が起きた場合、まず、最初に影響を受けるのが水道施設です。

給水制限のために、水道水が時間的に断水したり、水圧が下がって蛇口から少量ずつしか水が出ない水不足状態になります。

その結果、家庭内での生活用水だけでなく、学校給食の停止、遊園地やプール、銭湯の操業停止、イベントの中止や集客施設の閉鎖、消防活動への影響、事務所ビルや工場の稼動停止、公衆便所の閉鎖、水洗不足から食中毒や病気の蔓延、医療機関の診療や手術時間の限定、農産物の生産量と質の低下、放牧地の制約や家畜・鶏などの畜産物への被害も生じます。

さらに、水量不足の河川や湖沼は水質汚濁が進み、海域における漁獲の減少、船舶への給水困難などにより、平常時に想定する以上に影響は広まります。これらは、結果として物価の高騰、治安など社会の安全性や経済へ大きな影響を与えます。

現在、水不足に備えて住民や企業、自治体が降雨水の有効利用や下水処理水を水洗トイレや清掃、散水などへ積極的に使用するのとあわせて、節水の啓蒙活動や助成制度を始めています。2010年に内閣府が行った「節水に関する特別世論調査」では、節水をしている人の割合が、1988年の調査対象者中51.2％に対して、2010年の調査では、77.4％と増加しています（図4-2-2）。

また、水不足が多発する四国の松山市では、「水資源の保全」、「水の有効利用」、「節水を進める」という趣旨で、市民、企業、行政が、足並みを揃えて「水不足に強い都市づくり」を目指して2003年に「節水型都市づくり条例」を制定しました。この条例の中で、「雨水貯留施設購入助成制度」、「1,000㎡以上の新築・増改築の際には、雨水利用の義務付け」、「公共施設（小・中学校を含む）での雨水利用の義務付け」などが行われています。

この結果、2009年には、雨水の貯留施設が市内に約1,200ヶ所、約7,000㎡の貯水が可能となっています。また、風呂の残り湯を汲出すポンプ付洗濯機、食器洗い乾燥機、洗車やトイレ用の雨水タンクの購入費への助成を行っています。

●節水方法

　一般家庭においても、炊事や洗濯、風呂など様々な節水が行われています（図4-2-3）。企業においても節水器具の開発が進んでいますが、例えば、1980年発売の便器は、1回当たり水使用量約13ℓでしたが、2010年の節水型トイレでは、水使用約5.5ℓと使用1回当たり7.5ℓの節水になっています。

図 4-2-2　節水を心がけている人の比率

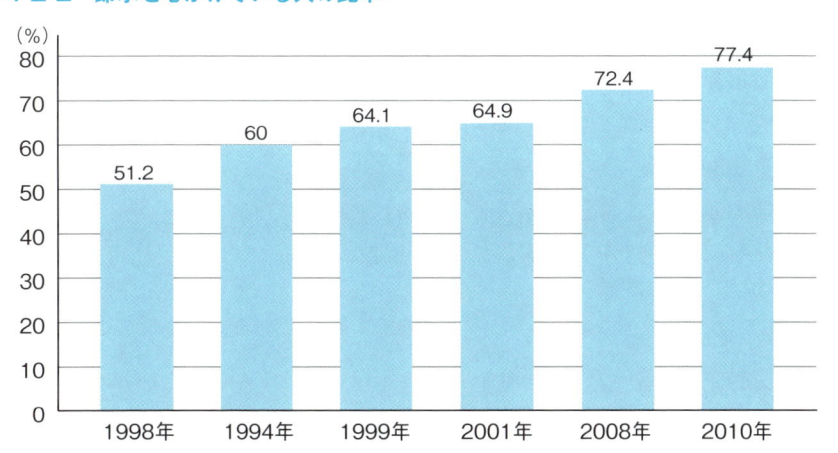

年	比率(%)
1998年	51.2
1994年	60
1999年	64.1
2001年	64.9
2008年	72.4
2010年	77.4

内閣府「平成22年 節水に関する特別世論調査」をもとに作成

図 4-2-3　一般家庭における節水法

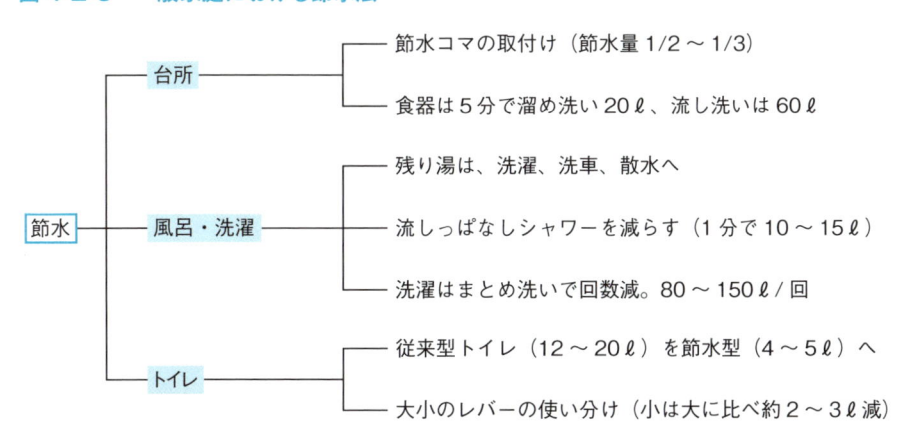

- 節水
  - 台所
    - 節水コマの取付け（節水量 1/2 ～ 1/3）
    - 食器は5分で溜め洗い 20ℓ、流し洗いは 60ℓ
  - 風呂・洗濯
    - 残り湯は、洗濯、洗車、散水へ
    - 流しっぱなしシャワーを減らす（1分で 10 ～ 15ℓ）
    - 洗濯はまとめ洗いで回数減。80 ～ 150ℓ / 回
  - トイレ
    - 従来型トイレ（12 ～ 20ℓ）を節水型（4 ～ 5ℓ）へ
    - 大小のレバーの使い分け（小は大に比べ約 2 ～ 3ℓ減）

4-3 増え始めた水質汚濁源

●環境基準項目

公共用水域は、水質汚濁に関わる次の環境基準項目が定められています。

健康項目

カドミウム、全シアンなどの人の健康に関わる項目（表4-3-1）。

生活環境項目

BOD または COD、水素イオン濃度（pH）など生活環境の保全に関する項目（表4-3-2）。

環境基準項目は、都道府県が毎年定める測定計画により、国、都道府県、政令市などにより調査が実施されています。

●面源汚染

市街地の雨の降り始めは、初期汚濁といわれる汚染度の高い排水が下水や河川に流れ込みます。この汚染源は、面源汚染またはノンポイント汚染ともよばれ、汚染の排出先が、工場やビル排水のように特定することが困難です。

しかし、この汚染源が流域に市街地を抱えた閉鎖系水域における赤潮発生の原因のひとつになっています。この対策として、雨水浸透施設や雨水貯留施設の設置が進められています。

●環境ホルモン

20世紀末頃から日本を始め、欧米の都市近郊の河川で、オスの魚がメス化したり、両性を備えてたりしている現象が起きています。

身近で利用する水を、病原性微生物、環境ホルモンなどの化学物質による汚染や生態系への悪影響から防ぎ、将来とも安全を確保するためには、常日頃から、水質の監視と上水道や下水道の浄化技術の向上を進める必要があります。

表 4-3-1　健康項目

項目	基準値	項目	基準値
カドミウム	0.003mg/ℓ 以下	1,1,2-トリクロロエタン	0.006mg/ℓ 以下
全シアン	検出されないこと	トリクロロエチレン	0.03mg/ℓ 以下
鉛	0.01mg/ℓ 以下	テトラクロロエチレン	0.01mg/ℓ 以下
六価クロム	0.05mg/ℓ 以下	1,3-ジクロロプロペン	0.002mg/ℓ 以下
砒素	0.01mg/ℓ 以下	チウラム	0.006mg/ℓ 以下
総水銀	0.0005mg/ℓ 以下	シマジン	0.003mg/ℓ 以下
アルキル水銀	検出されないこと	チオベンカルブ	0.02mg/ℓ 以下
PCB	検出されないこと	ベンゼン	0.01mg/ℓ 以下
ジクロロメタン	0.02mg/ℓ 以下	セレン	0.01mg/ℓ 以下
四塩化炭素	0.002mg/ℓ 以下	硝酸性窒素及び亜硝酸性窒素	10mg/ℓ 以下
1,2-ジクロロエタン	0.004mg/ℓ 以下	ふっ素	0.8mg/ℓ 以下
1,1-ジクロロエチレン	0.1mg/ℓ 以下	ほう素	1mg/ℓ 以下
シス-1,2-ジクロロエチレン	0.04mg/ℓ 以下	1,4-ジオキサン	0.05mg/ℓ 以下
1,1,1-トリクロロエタン	1mg/ℓ 以下		

表 4-3-2　生活環境項目（河川の場合）

	類型	AA	A	B	C	D	E
	利用目的の適応性	水道1級、自然環境保全、A以下の欄に掲げるもの	水道2級、水産1級、水浴、B以下の欄に掲げるもの	水道3級、水産2級、C以下の欄に掲げるもの	水産3級、工業用水1級、D以下の欄に掲げるもの	工業用水2級、農業用水、Eの欄に掲げるもの	工業用水3級、環境保全
基準値	水素イオン濃度（pH）	6.5以上 8.5以下	6.5以上 8.5以下	6.5以上 8.5以下	6.5以上 8.5以下	6.0以上 8.5以下	6.0以上 8.5以下
	生物化学的酸素要求量（BOD）	1mg/ℓ 以下	2mg/ℓ 以下	3mg/ℓ 以下	5mg/ℓ 以下	8mg/ℓ 以下	10mg/ℓ 以下
	浮遊物質量（SS）	25mg/ℓ 以下	25mg/ℓ 以下	25mg/ℓ 以下	50mg/ℓ 以下	100mg/ℓ 以下	ごみなどの浮遊が認められないこと
	溶存酸素量（DO）	7.5mg/ℓ 以上	7.5mg/ℓ 以上	5mg/ℓ 以上	5mg/ℓ 以上	2mg/ℓ 以上	2mg/ℓ 以上
	大腸菌群数	50MPN/100mℓ 以下	1,000MPN/100mℓ 以下	5,000MPN/100mℓ 以下	—	—	—

備考：基準値は、日間平均値とする。農業用利水点については、水素イオン濃度6.0以上7.5以下、溶存酸素量5mg/ℓ 以上とする。

自然環境保全：自然探勝などの環境保全
水道1級：濾過などによる簡易な浄水操作を行うもの
水道2級：沈殿濾過などによる通常の浄水操作を行うもの
水道3級：前処理等を伴う高度の浄水操作を行うもの
水産1級：ヤマメ、イワナなど貧腐水性水域の水産生物用並びに水産2級および水産3級の水産生物用
水産2級：サケ科魚類およびアユなど貧腐水性水域の水産生物用および水産3級の水産生物用
水産3級：コイ、フナなど、β-中腐水性水域の水産生物用
工業用水1級：沈殿などによる通常の浄水操作を行うもの
工業用水2級：薬品注入などによる高度の浄水操作を行うもの
工業用水3級：特殊の浄水操作を行うもの
環境保全：国民の日常生活において不快感を生じない限度

4-4 集中豪雨の増加と対策

●都市型水害の増加

　気象庁資料によると、ここ約30年で「1時間降水量(表4-4-1)」や「日降水量」が大きい降雨の年間発生頻度が増加しています。

　都市の地上近辺で暖められた空気は、上空へ昇り上空の冷たい空気は、逆に下がってきます。この2つの空気が激しくぶつかりあい積乱雲(雷雲)が発生します。この雷雲は、雷と突風をともない短い時間ではあるが激しい雨を降らします。

　一般的に、直径10kmから数十kmの範囲で1時間に50mmを超える量の降雨は、集中豪雨やゲリラ豪雨とよばれます。

　集中豪雨により、各地の下水道工事・河川工事施工中に突然流れてきた激流による事故の発生や、停電による工場・事務所や交通の麻痺、地下街や地下室への浸水などの事故が増加しています。特に、大都市を中心に発生していますから「都市型水害」ともいわれています。このような都市型水害に対して、国や自治体などにより、次のような対策が進められています。

●気象庁の対応

　気象庁は、大雨や洪水などの気象現象により、災害が起こる恐れのある時に「注意報」、重大な災害が起こる恐れのある時に「警報」が出し、ただちに関係行政機関、都道府県や市町村へ伝達します。

●都市型水害に対する法整備と対策

　2003年には、地方公共団体の河川管理者および下水道管理者、住民が一体となって浸水対策推進を目的とした「特定都市河川浸水被害対策法」ができました。

　特定都市河川浸水被害対策法では、著しい浸水被害が発生し、またはその恐れがある地域の都市河川を対象に、河川流域と下水道排水区域とをあわせ

た特定都市河川流域を指定します。また、都道府県知事、市町村長の河川管理者、下水道管理者が共同して「流域水害対策計画」を策定します。その計画にもとづき、例えば河川管理者が雨水貯留・浸透施設を整備したり、各戸の下水道の排水設備に対し、貯留・浸透機能を備えるように義務付けたりすることができます。

そして、流出抑制施設についても、「出来る所から、出来るだけの対策を行い、浸水被害を軽減させる」方針により、1時間に50mmの降雨に対応した幹線やポンプ所などの基幹施設や大雨時の下水や河川水を一時的に貯留する地下貯留管の整備が進められています。また、河川の水位が上昇し下水管からの排水が滞った結果、内水氾濫も増加しその対策も急務となっています。（図4-4-1、図4-4-2）。

表4-4-1　1時間の降雨量とその降り方

雨量（mm／時）	予報用語	屋内や屋外の状況	予想される災害
10～20	やや強い	ザーザーと降り、話し声が聞き取れない	長く続くと注意
20～30	強い	どしゃぶり、ワイパーをしても見づらい	側溝溢水・小崖崩壊
30～50	激しい	傘では濡れる。睡眠中でも気づく。道路が川の状態。ハイドロプレーン現象（ハンドルやブレーキが効かない現象）が発生	下水管溢水・崖崩れが起きやすくなる
50～80	非常に激しい	滝のようにふり傘は役に立たず、水しぶきで視界悪、車の運転は危険	地下室、地下街へ流入の危険・災害発生
80～	猛烈な	息苦しい圧迫感、恐怖を感じる	大災害の恐れ・厳重警戒

4・上下水道の環境

図 4-4-1　河川から地下貯留管への取入口

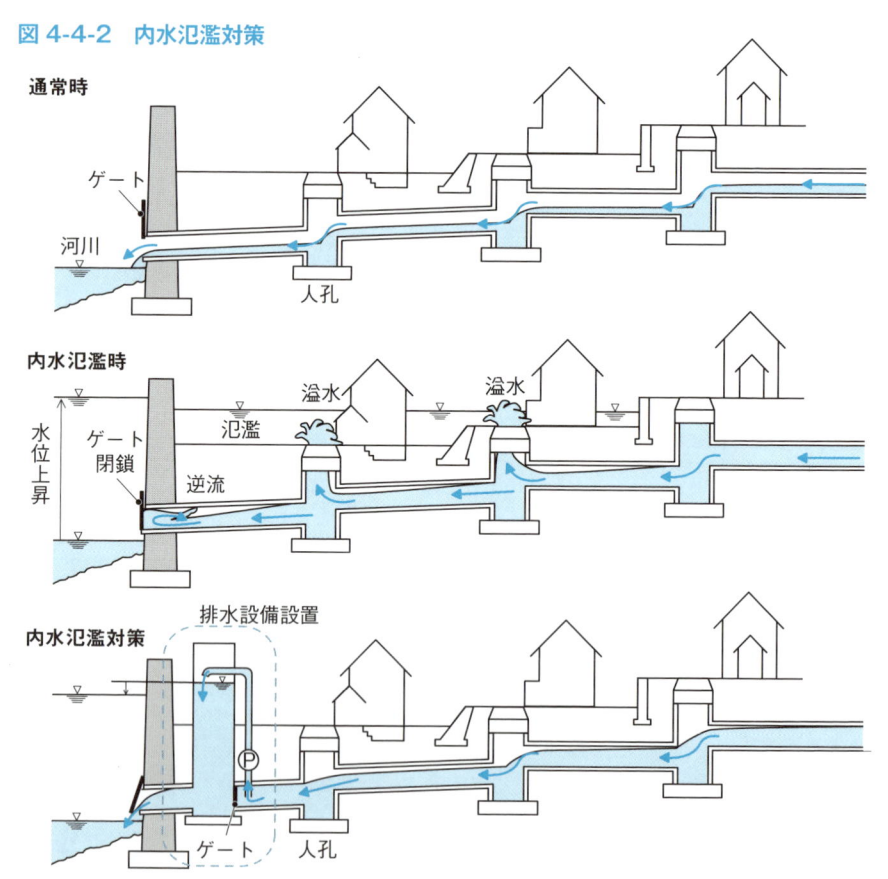

図 4-4-2　内水氾濫対策

通常時
ゲート
河川
人孔

内水氾濫時
水位上昇
ゲート閉鎖
逆流
氾濫
溢水
溢水

内水氾濫対策
排水設備設置
ゲート
人孔

●自治体などの対応策

都市型水害への自治体などの対応策は次のような例があります。

水防情報システム構築
①豪雨時の情報を市民へ伝達するシステムの整備。
②防災無線放送マイクと水害情報メール。

水害救援対策
①救助用ボート。
②避難所備品（投光器、携帯電話など）。

市民の水防力の強化
①排水ポンプなど排水器具購入補助。
②洪水ハザードマップ作成。

被災者への復旧支援
①被災証明書発行・被災家庭へ消毒剤など配布。
②復旧資金融資（家屋、河川改修、貯留施設、浸透施設の整備）。

●住民自らの対応

住民自らも危険察知や自主避難の準備をする他、次の点にも配慮が必要です。

①地域の水害特性を考慮した土地利用をする（低地部は地下利用を避けるなど）。
②気象情報および水害情報の収集、伝達。
③溢水など異常事態は、速やかに市および水防関係機関へ通報。
④周辺住民などの救出活動の支援。
⑤市および水防機関の避難勧告・指示などに従う。
⑥緊急時に水防活動への従事。
⑦浸透桝、トレンチ、雨水利用タンクの設置。

4-5 合流改善対策

●合流式の問題点

　下水の収集方法には、雨水と汚水をそれぞれ別の管で収集する分流式と1本の管で収集する合流式があります。

　合流式は、下水処理場へ流入する下水量が処理能力を超える大雨の際には、管路の途中に設けられた「余水吐」から一部の下水を河川へ放流します（図4-5-1）。

　この際、川へ放流された汚水は、未処理で消毒も行っていないため、衛生、水質保全、景観からも問題視されています。都市内の中小河川で、大雨の後、本来なら水がきれいになっているはずなのに、逆に酸素欠乏などにより魚が死んでいるニュースが報じられこともあります。下水道の普及で河川の水質が改善されるはずなのですが現状は、なかなか改善されません。

●合流式の改善

　2009年度末で下水道が敷設されている1,442の都市の内191で合流式が行われ、下水処理人口9,360万人に対し、合流式は2,414万人となります。

　合流式下水道を採用している都市は、東京都、大阪市、京都市、神戸市などの下水道先駆都市です。

　このような事態を受けて2003年に下水道法施行令が、次の3点を主目標に改正されました。

　①分流式下水道と同等の汚濁量に削減する。
　②未処理水の放流回数を半減させる。
　③夾雑物の流出を防止する。

　この改正で、処理区域面積が大きい大都市の場合は2023年度まで、中小都市は原則、2013年までに改善対策を行うこととなっており、次のような具体策が進められています。

　①分流式への切替え可能な下水路線から分流式に切り替える。

②下水処理場の処理能力を越す下水を処理場へ流入する前に一時的に貯水し、降雨後下水管へ戻す。
③雨水浸透施設により雨水を土中に浸透させ、合流管への流入量を減らす。
④簡易処理施設により余水吐から下水を川へ流す前に夾雑物をスクリーンで取り除き消毒をする。
⑤下水処理場へ送る量を増やすため、余水吐の越流堰高や構造を改良する。
⑥雨水管路の途中に貯留施設を設けて雨水を貯留し、下水量を減少させる。

図 4-5-1　余水吐

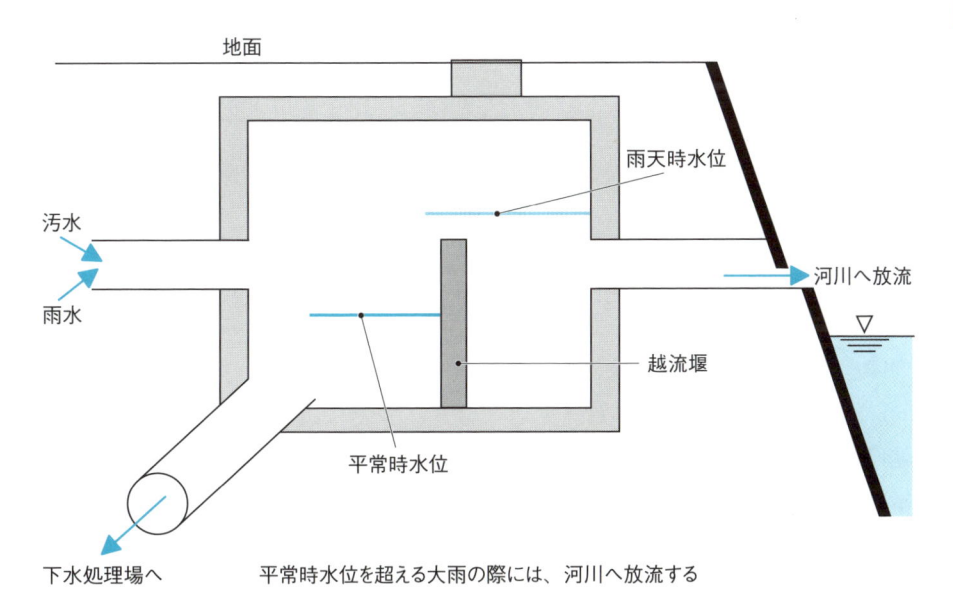

平常時水位を超える大雨の際には、河川へ放流する

4-6 処理水のリサイクル

●再利用用途と量

　下水処理場で処理された水は、河川の自浄作用回復のために河川維持用水など、いろいろな用途に利用されています。しかし、全国の下水処理水は2009年度で年間142.6億m³が処理され、そのうち、再利用量は約2億m³と1.4%です。

　生活用水の飲用や風呂などのように、上水道ほどの水質は必要ない、水洗トイレ用水、清掃、洗車および散水などに再利用する用水を中水道(雑用水道)とよび、上水と下水の中間の水質を表します。

●再利用処理水の水質基準

　下水処理水を利用するために、上水ほどきれいでなくとも、見た目や臭いなどの不快感を与えなく、衛生学的に安全でかつ利用施設の腐食・閉塞などの障害を与えない水質が求められます。

　「下水処理水の再利用水質基準等マニュアル」(2005年)には、以下の用途に使用するための水質基準を定めています(表4-6-1)。

水洗用水
　水洗便所においてフラッシュ用水用途に用いる水。
散水用水
　植栽帯、芝生、路面、グランドなどへの散水用途に用いる水。
修景用水
　景観維持をおもな目的とし、人が触れることがない用途に用いる水。
親水用水
　レクレーション利用をおもな目的とし、人が触れることがない用途に用いる水。

表 4-6-1　再利用処理水の水質基準

項目	水質基準			
	水洗用水	散水用水	修景用水	親水用水
大腸菌	不検出		1,000CFU/100mℓ	不検出
濁度	（管理目標値）2度以下			2度以下
pH	5.8～8.6			
外観	不快でないこと			
色度	必要に応じて基準値を設定		40度以下	10度以下
			必要に応じて上乗せ基準値を設定	
臭気	不快でないこと （必要に応じて臭気強度を設定）			
残留塩素	（管理目標値） 遊離残留塩素 0.1mg/ℓ または結合 残留塩素 0.4mg/ℓ 以上		規定しない	（管理目標値） 遊離残留塩素 0.1mg/ℓ また は結合残留塩素 0.4mg/ℓ 以上

CFU：菌量の単位。例えば20CFU/mℓの場合1mℓ中に菌が20個存在することを表す

●再生処理施設

　下水処理水から利用可能な再生水を得るため、一般的な2次処理方式に付加する処理施設が定められています。

　水洗用水、散水用水、修景用水利用では、「砂濾過施設（または同等以上の機能を有する施設）」、親水用水利用では、誤飲の可能性を考慮し、「凝集沈殿＋砂濾過施設（または同等以上の機能を有する施設）」を処理施設とすることを規定しています。しかし、多くの処理施設では、より一層臭気、色度、濁度などを向上させるためにオゾン酸化法、活性炭吸着法、逆浸透法が採用されています。

●再生水利用方式

　再生水利用の方式には、その利用規模によって、次の方式があります。
広域循環方式
　下水処理場において再生処理された水を、雑用水として特定の区域に供給し、地域内の事業所などの水洗用水として利用する方式（図 4-6-1）。

地区循環方式

複数の建物から発生する排水を再生処理施設で浄化し、それを複数の建物の雑排水として利用する方式（図 4-6-2）。

個別循環方式

単一の建物内で一度利用した排水を再生処理し、同一建物内の雑用水として利用する方式（図 4-6-3）。

●条例等による再生水利用促進策

地理的に降雨量が少なく安定して上水水源量が確保できない地域、大規模な都市再開発により既存の上水道施設の供給に負担となる場合、地方自治体で雑用水利用促進に関する条例などを定めています。また雑用水利用施設の設置に対して補助制度または融資制度を設けている例もあります（表 4-6-2、表 4-6-3）。

図 4-6-1　広域循環方式

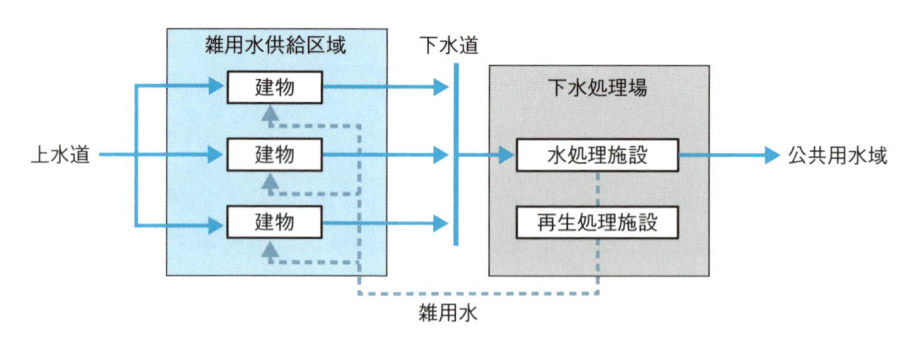

図 4-6-2　地区循環方式

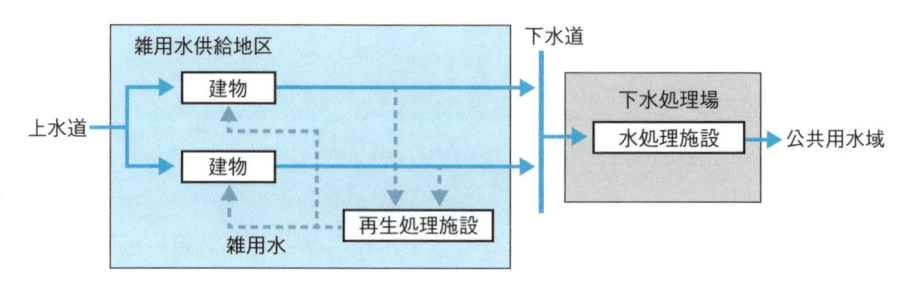

図4-6-3　個別循環方式

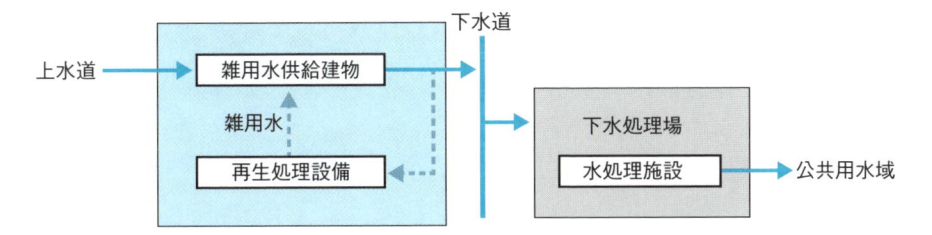

```
上水道 ──→ ┌─雑用水供給建物─┐ ──→ 下水道 ──→ ┌─下水処理場──────┐
          │      ↑↓      │                │   水処理施設    │ ──→ 公共用水域
          │    雑用水     │                └────────────────┘
          │   再生処理設備 │
          └──────────────┘
```

表 4-6-2　補助制度などを定めている自治体

補助制度	該当する県
雑用水利用施設の設置に対する補助金交付制度がある自治体	栃木県、埼玉県、千葉県、東京都、神奈川県、新潟県、石川県、福井県、長野県、静岡県、香川県、愛媛県、福岡県、熊本県
雑用水利用施設の設置に対する融資制度がある自治体	埼玉県、東京都、静岡県、京都府

表 4-6-3　雑用水利用促進に関する条例の例

雑用水利用および雨水浸透対象建築物および開発事業	
延べ床面積が10,000㎡以上の建築物	
市街地開発事業のうち開発面積が3,000㎡以上の開発事業	
雑用水利用方式に応じた対象建築物	
雑用水の利用方式	対象建築物の規模
雨水利用方式	延べ床面積が10,000㎡以上の建築物
広域循環方式	延べ床面積が10,000㎡以上の建築物または下水道事業者（下水道局）が定める基準に該当する建築物
地区循環方式	延べ床面積が3,000㎡以上の建築物または雑用水量が（計画可能水量）が100㎡/日以上である建築物
個別循環方式	同上
工業用水道利用方式	延べ床面積が10,000㎡以上の建築物または工業用水道事業者（水道局）が定める基準に該当する建築物

4-7 工業用水の現状

●工業用水普及の背景

　戦後の復興期や高度成長時代に、工業用水やビルの冷房用水などのため地下水を汲上げたために、地盤沈下が進みました。沈下の被害は、地表面の不等沈下や建物周囲の地盤が下がることによる、出入口の段差の発生、建物周囲に敷設したガス、水道、電気などの損傷です。特に、沈下が激しかった東京の下町地区は、元来、地盤が周囲の河川の水位より低い海抜０m地帯ですから、沈下による被害は計り知れませんでした。

　昭和31年、地下水の揚水を規制し、地盤沈下の進行を止めるため「工業用水法」が制定され、揚水量の規制と代替水の供給が実施されました。

●工業用水道の開始

　ここで登場したのが、工業用水道事業です。

　上水道が「人の飲用に適する水」を供給するのに対して、工業用水道は、「工業の用に供する水」を供給する施設のことで、工場などの事業所で人体と直接接しない用途への水を供給します。

　東京都は、1964年8月に江東地区、1971年には城北地区で、大阪府は、1964年から北摂、東大阪、泉州地区、1987年から関西国際空港対岸の「りんくうタウン」などへ給水を開始しました。

　この結果、1975年代には、地盤沈下が、ほぼ沈静化しました。また、1973年度からは、工業用水の一部を雑用水として、清掃、散水、洗車などへの供給を開始、さらに、1976年度からは、集合住宅のトイレ洗浄用水としても供給を行っています。

●工業用水の水源と利用用途

　工業用水の水源は、河川水または下水処理場の処理水です。

　浄水方法は、取水した原水に硫酸バンド（凝集剤）を注入して、原水中の

浮遊物を凝集させます。その後、浮遊物の集まり（フロック）を沈殿させ、配水地に貯水します。各工場へは、ポンプ圧送により給水します。

凝集沈殿の後に砂濾過を行うこともあります。飲用には、使用しないため水道法の適用は受けず、通常、殺菌などは行いません（図4-7-1）。

工業用水の利用先は、化学、鉄鋼、石油、繊維、食品、皮革などの工場で、上水ほどの水質は必要ない冷却、洗浄、ボイラーなどです。また、事務所ビルやマンションなどでもトイレの洗浄、清掃、洗車などの雑用水に使用しています。さらに、池やせせらぎなどの修景用水にも役立てています。

● 利用量の減少

産業立地政策や各種公害規制の強化で、工場の地方移転が進み、さらに、残った工場などにおいても水利用の効率化が進められ使用水量の減少が起き、雑用水の比率が高まっています（図4-7-2、図4-7-3）。

図4-7-1　工業用水浄化の流れ

原水 → 沈砂地 → 凝集沈殿池 → 濾過 → 配水池 → 配水ポンプ → 工場など

図4-7-2　工業用水の件数の変化

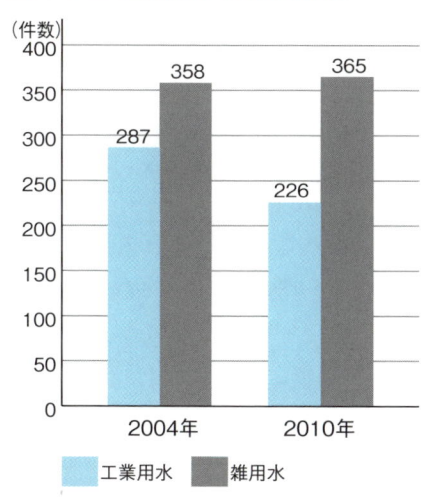

	2004年	2010年
工業用水	287	226
雑用水	358	365

図4-7-3　工業用水の水量の変化（m³/日）

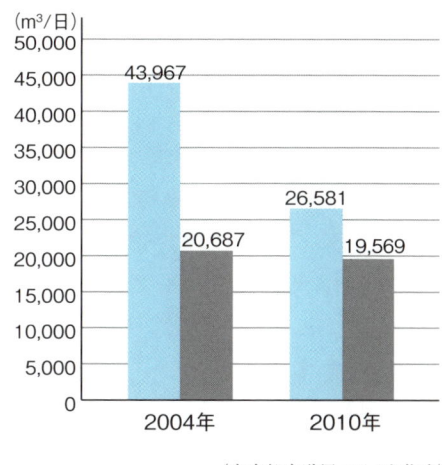

	2004年	2010年
工業用水	43,967	26,581
雑用水	20,687	19,569

（東京都水道局HPより作成）

4-8 水道管の漏水

●漏水量

　浄水場から各家庭に給水される間に漏水する率（年間漏水量／年間配水量×100）が全国平均7％となっており、漏水量は年間11億トンあります。この漏水量は1人あたり1日の給水量を355ℓとすると840万人の1年分の給水を賄えるという膨大な量です。

　そのため、貴重な水資源を有効に活用することや浄水処理に必要な薬品、エネルギーを節約すること、大規模な漏水による浸水、道路陥没の事故を防止するために漏水対策が求められます。

●漏水の要因と発生箇所

　漏水が生じる要因は、経年による水道管の劣化、地震や地盤沈下、施工または管材料の不良、土壌による腐食、他工事による損傷、異常な水圧など様々な要因があります（図4-8-1）。経年による劣化については、漏水事故を起こした管路の使用年数が30年以上の管が55％あり、敷設年が不明な管をあわせると73.7％が30年以上の経過した老朽管です。

●漏水対策

　こうした漏水を防ぐために、老朽化した配水管は、強度が高く、耐震性に優れ、かつ内面の腐食を防止するライニングがされているダクタイル鋳鉄管へ計画的に取替えます。給水管は、脆弱な鉛管から強度に優れるステンレス管（口径50mm以下）やダクタイル鋳鉄管（口径75mm以上）に取替えます。漏水が地上に流出すれば、早期の対応が可能ですが、漏水箇所を見つけることは困難です。そこで、交通量が少なくなった深夜に音聴法などにより、漏水を発見し修理を行う対策を行います（図4-8-2）。

図 4-8-1 送・配水管、給水管の漏水原因

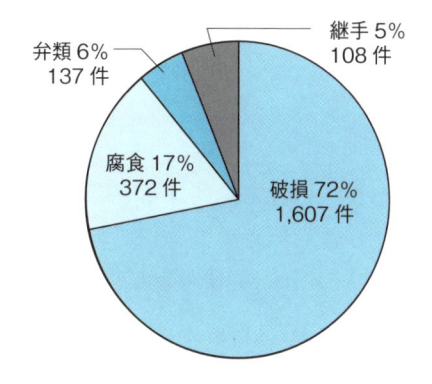

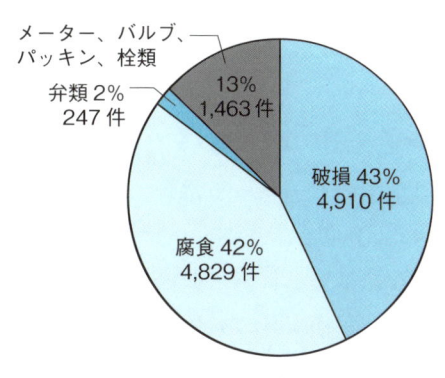

送・配水管
- 継手 5% 108 件
- 弁類 6% 137 件
- 腐食 17% 372 件
- 破損 72% 1,607 件

給水管
- メーター、バルブ、パッキン、栓類 13% 1,463 件
- 弁類 2% 247 件
- 破損 43% 4,910 件
- 腐食 42% 4,829 件

（神奈川県 HP より作成）

図 4-8-2 音聴法

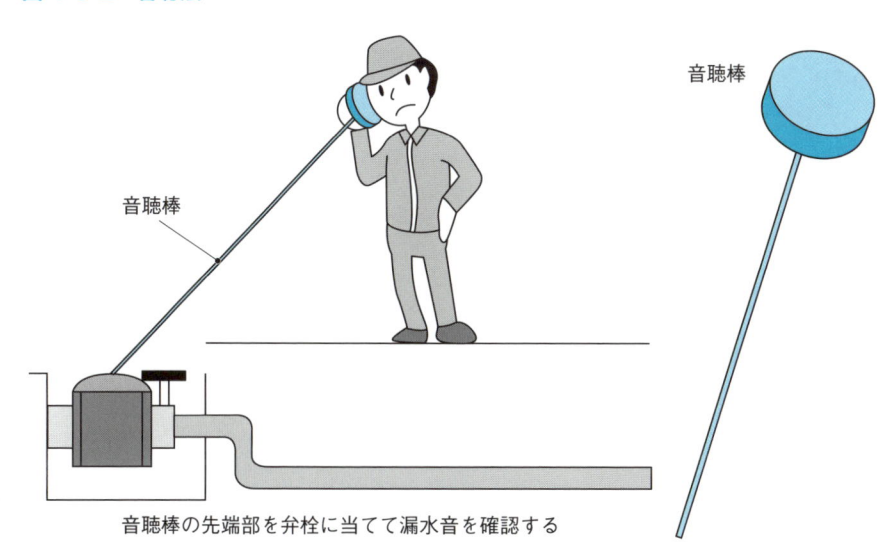

音聴棒

音聴棒の先端部を弁栓に当てて漏水音を確認する

4-9 上水道施設の老朽化

●老朽管の延長推移

　全国の水道管（導水管、送水管および配水管）の管路延長は 2009 年まで約 625,000km に達しています。

　管路は導水管、送水管および配水管に分かれますが、配水管延長がもっとも長く全体の 93.4% を占めています。

　このうち水道用配水管の法定耐用年数（減価償却年数、地方公営企業法施工規則）40 年を超える延長は 40,150km になり、10 年後には 2 割を超えると予想され、今後老朽化した水道管の延長が増加します。過去 20 年間に更新した年間平均更新延長約 7,000km にもとづいて、新規の増設が無いものとした今後の老朽管（敷設 40 年以上経過）の予想される管路の延長を示します（図 4-9-1）。

●老朽による事故

　2009 年 6 月に京都市山科区では、市道交差点の路肩部が陥没して、約 150 世帯が断水しました。同じ年の 6 月には山口県萩市で水道管が破損し道路が陥没し、42 戸が断水しました。高松市円座町では道路が陥没して、トラックが脱輪しました。

　こうした水道管の老朽化による被害が、100 世帯以上の大規模な漏水事故は埼玉県加須市や宮城県岩沼市など、2008 年までの過去 3 年間で年 20 回弱の事故が発生しています。

●老朽化対策と更新

　早くから水道普及している大都市や旧市街地では、劣化している水道管の比率は高いものとなっています。老朽化対策に必要なことは、実態の把握です。水道管の敷設年度、材質、位置、延長および破損事故の状況といった実態を性格に把握して老朽化対策を立案します。

将来確実に老朽水道管が増え大量の更新時期を迎えるにあたって、財政的な基金とか積立金を蓄積することが一部の自治体で行われています。老朽管の更新の状況は、ダクタイル鋳鉄管、耐震型継手、硬質塩ビ管およびポリエステル管が増えています。旧仕様の鋳鉄管や石綿セメント管、コンクリート管、鉛管が減少しています（図4-9-2）。

図4-9-1　水道管総延長と老朽化した水道管の延長

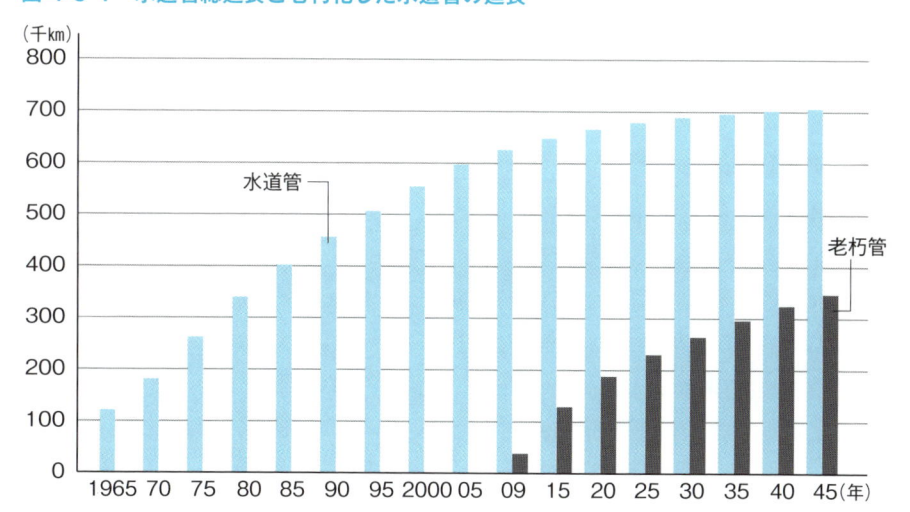

図4-9-2　老朽管の更新状況

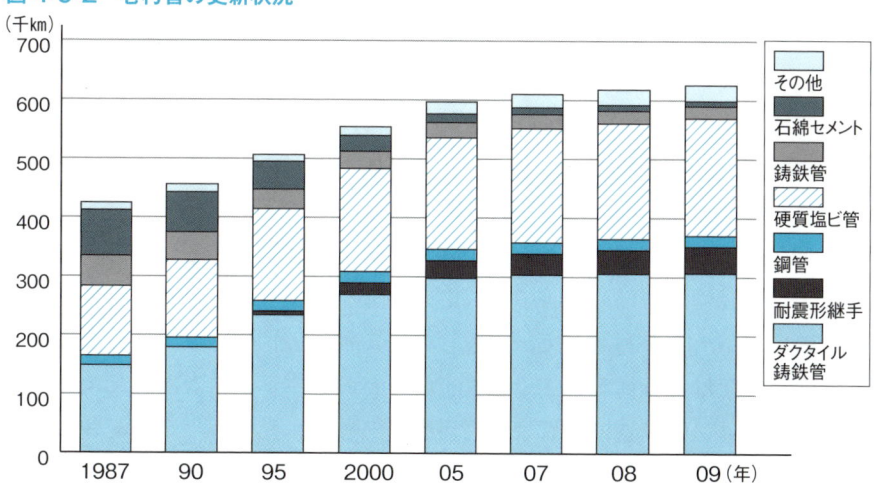

4-10 下水道施設の老朽化

●老朽管の延長推移

1970年に約34,000kmだった下水管が39年後の2009年には約434,000kmと約13倍にもなりました。また、下水道処理人口普及率（処理人口／総人口）も8％から73.7％と約9倍高くなりました。

●老朽化による事故

下水道管の法定耐用年数は50年ですが、30年経過すると道路陥没箇所数が増加する傾向があると報告されています。

下水管の老朽化による道路の陥没事故は、2006～2009年度に発生した件数は1.7万件で、平均すると年4,250件になります。

道路の陥没事故は、下水管の破損した箇所や接合部から地下水や地表からの雨水が土砂と共に下水管に流入または逆に下水が地中に流れ出し、水道をつくり大きな空洞が発生します。

●老朽化対策と更新

老朽化の対策は、下水管の破損、ひび割れ、たるみなどを早期発見するため目視やテレビカメラで管内調査を行い、危険度の高いところから計画的に更新していくことです。下水管を更新する方法は、修繕と改築があります。

修繕とは、管の機能を回復させると共に能力や寿命を維持するために、管の一部を取替え、損傷の修復を行うことです。

改築とは、古いコンクリート管・陶管で破損が著しいかまたは排水能力が不足して既設管の一部の改善では対応ができない場合に行います。布設替や既設のマンホールを利用して、既設管渠内に新しい管を形成することにより機能の更生をはかる反転工法や製管工法などの更生管工法があります。

反転工法は、既設管内面に硬化性樹脂（熱硬化、光硬化）を含浸させた材料を、温水または空気圧で加圧反転しながら挿入して、加圧状態で熱または

光の照射により樹脂を硬化させて新しい管を形成します（図 4-10-1）。

製管工法は、既設管内に帯状の塩化ビニールポリファイルを製管機によりスパイラル状に製管しながら挿入し、既設管との隙間にモルタルなどを充填硬化させて一体化させます（図 4-10-2）。

図 4-10-1　反転工法

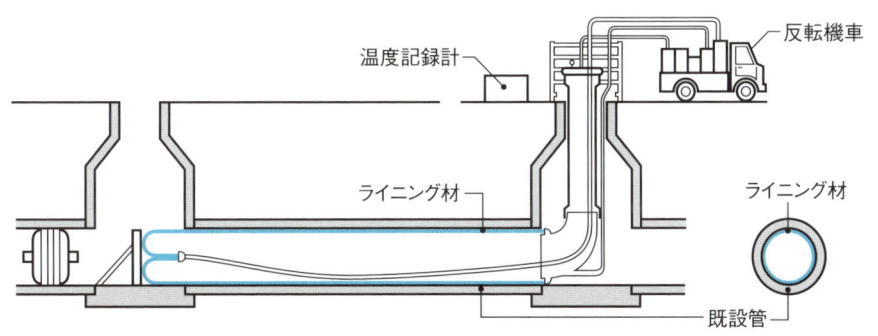

空気圧でライニング材を人孔から反転挿入させる。挿入後、温水を循環させることにより空気で拡径させたライニング材を硬化させる工法

図 4-10-2　製管工法

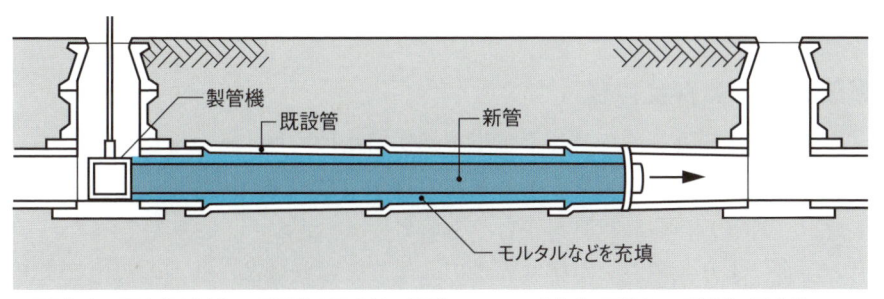

既設管内に更生管を挿入し、既設管と更生管の間隙にモルタルを注入・硬化させ、既設管、更生管、モルタルなどにより複合管を構築する工法

4-11 下水管内の清掃

●清掃の必要性

　地盤の沈下や施工の不良によるたわみ、地震による破損や豪雨による大量の土砂流入および伏せ越部における構造的な要因などで汚水が滞留し、沈殿物が堆積し下水の流れを阻害します。沈殿物が堆積すると腐敗し、下水管の内部で臭気（硫化物など）が発生し、悪臭発生源となります。この臭気成分がコンクリート管やマンホール内の足掛け金物およびマンホールなどの鉄を腐食させます。こうした問題を未然に防ぐために計画的な下水管の清掃は必要なのです。

　下水管内の土砂、モルタル、油脂、木の根などの除去ばかりでなく、清掃時に管の破損箇所や管外からの流入土砂の性状により陥没箇所を早期に発見することができ、陥没事故を事前に防止することができます。清掃は下水管を長持ちさせる効果があります（図 4-11-1、図 4-11-2）。

　清掃方法は機械清掃方法（高圧洗浄・強力吸引）と人力清掃方法の2通りあります。

●法令による安全義務

　都市施設の根幹施設である下水道を適切に維持管理するために、法律により安全義務を定めています。下水道法では、「公共下水道の設置、改築、修繕、維持、その他の管理は、市町村が行うものとする」と規定しています。また、「前項の規定により設置された排水設備の改築または修繕は、同項の規定によりこれを設置すべき者が行うものとし、その清掃その他の維持は、当該土地の占有者が行うものとする」としています。

　公共桝から処理場および放流先までの公共下水道管理は地方公共団体が、排水設備については土地の占有者が、資金面、技術面などすべてについて管理する責任があります。

図 4-11-1　清掃状況

強力吸引車
高圧洗浄車
沈殿物

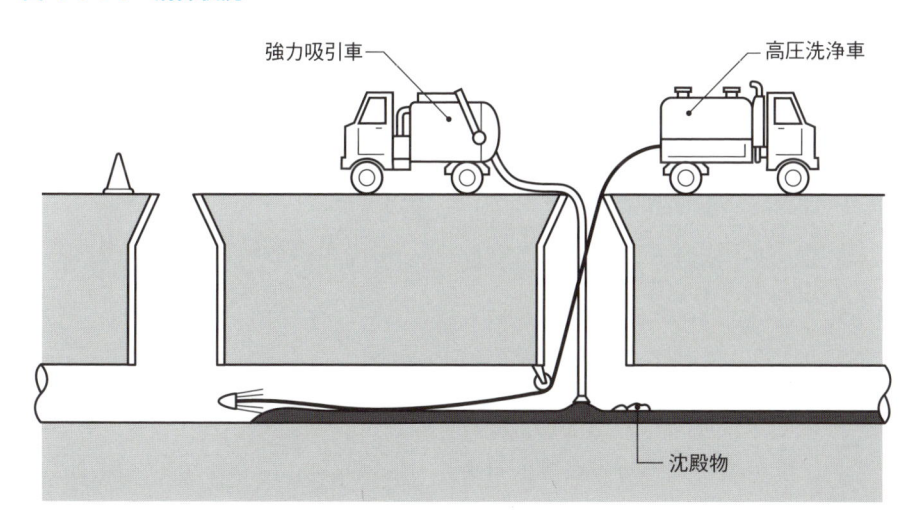

図 4-11-2　清掃方法の流れ

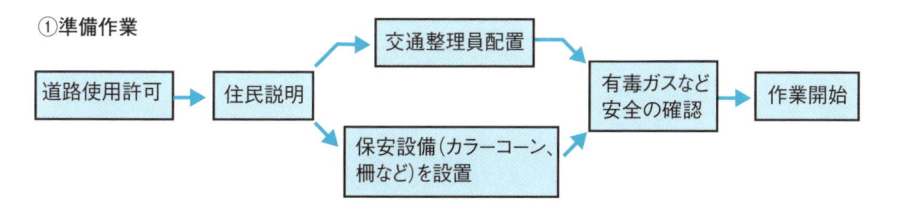

①準備作業

道路使用許可 → 住民説明 → 交通整理員配置 → 有毒ガスなど安全の確認 → 作業開始
　　　　　　　　　　　　↘ 保安設備（カラーコーン、柵など）を設置 ↗

②本作業（高圧洗浄車による洗浄の場合）

高圧洗浄車、給水車、バキューム車の配置 → ホースガイドローラー取付け → 下流管口土砂留め設置 → 洗浄ホース挿入進行 → 高圧洗浄ホース引戻し → 土砂吸引搬出

③片付け作業

人孔内・道路面清掃 → 下流管口土砂留め撤去 → 人孔蓋閉め・保安設備撤去

4・上下水道の環境

4-12 複合利用される下水道施設

●処理施設上部空間の利用

　全国の下水処理場の面積は、8,400haで、都市公園面積の10％に相当する広大な用地を占めています。以前は、騒音、臭気、泡の飛散などがまれに起き、近隣住民からは、嫌悪施設となる場合がありました。そのため、処理施設に人工地盤や上屋を架けて周囲への悪影響を防いでいます。

　一方、下水処理場は、過密化した都市の貴重な空地でもあります。そのために、上部空間を災害時の避難広場とし、通常時は、公園やテニス場などのスポーツ施設、公会堂など近隣の住民が利用するレクリエーションや憩いの場にしています。また、面積が広いことから、緑化することにより地域のヒートアイランド対策としても有効です（図4-12-1）。

　処理場の上部空間利用に当たって、次のような留意すべき事項もあります。
　①下水道のイメージアップになること。
　②公共施設の利用としてふさわしいこと。
　③地域、周辺住民に貢献できること。
　④処理場自体の維持管理、将来の増設・改築などに支障とならないこと。

●下水管内部空間の利用

　都市内の地下に張り巡らされている下水管内の上部空間を利用して光ファイバーケーブルを通し、電話やインターネットなどに使われています。2010年度末では、全国に約2,161kmもの光ファイバーが敷設されています（図4-12-2）。

図 4-12-1　上部利用される下水処理場

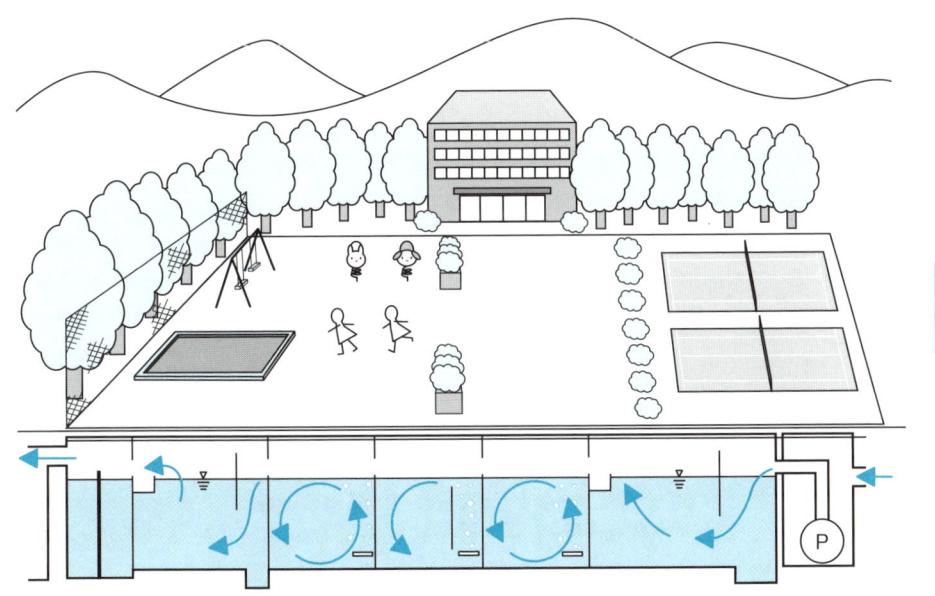

下水処理状の上部空間はスポーツ施設、公会堂など
近隣の住民が利用できる場所になっている

図 4-12-2　下水管内の光ファイバーケーブル

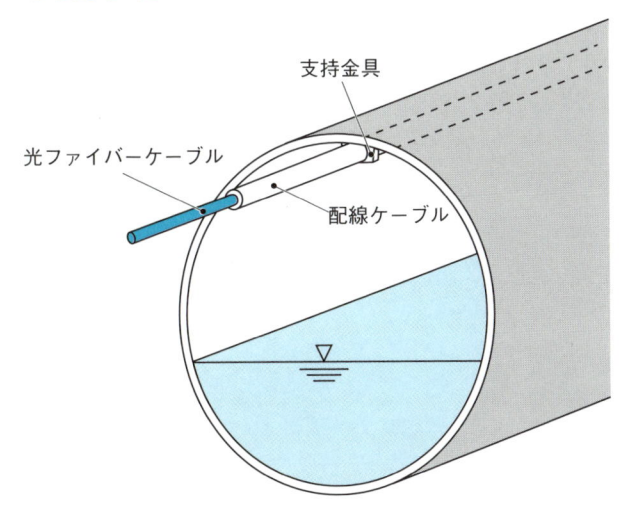

急増する水ビジネス

現在、世界中で有望視されているビジネスに、エネルギー、金属、食料などがありますが、近年、水関連ビジネスも急成長しており、ブルーダイアとよばれています。このビジネスには、飲料水（ミネラル）、上下水道事業、中水道事業、水浄化プラント、海水淡水化プラント、超純水事業、ボーリング（井戸掘削）、水関連ファンドなどがあります。

経産省によると世界の水ビジネスの成長見通しでは、2007年が、約35兆円に対し、2025年には約80兆円になり、特に東アジアの成長が著しいと予測しています。

日本国内でもミネラルウォーターや清涼飲料水などの飲料水企業は、急成長しています。

このような、状況下で日本は、昔から培われた井戸掘り技術、高度成長期の水質汚染などの公害問題を解決してきた水浄化技術、水不足解決のために行ってきた海水淡水化技術、半導体製造に欠かせない超純水生産技術など広範囲の分野で様々なビジネスを進めています。

また、次のような事業を進めている企業を対象とする水関連ファンドも投資会社や証券会社などで取組まれています。

①上水道・中水道・下水道などのインフラ整備。
②海水淡水化装置、純水装置などの水処理技術。
③水処理に関する設計などのエンジニアリング。
④管やポンプなど水関連装置。
⑤節水機器の開発製造。

環境省においても、おもにアジア地域対象に上下水道事業を展開する「水環境改善モデル事業」を立ち上げています。官民連携による水環境ビジネスの海外展開を進めるためです。今後、益々の発展が期待されています。

第5章

上下水の新技術

多くの課題を抱える上下水道。
浄化技術、耐震化技術、貯留浸透、雨水利用など
様々な技術とそれを活用する住民と行政の協力、
企業の企画提案により課題解消を進めています。

5-1 雨水の貯留施設

●貯留施設とは

　都市化が進むと今まで降った雨を保水していた緑地や水田から道路や建物の屋根に変わり、流出する雨水量は増加します。その増加した水量により下流が溢水の恐れがある場合は、安全な水量だけ流し、それ以上の量は一時的に貯留した後、時間をかけて流し溢水を防ぎます。その貯留を行う施設が雨水の貯留施設です。調整池ともよびます。

　雨水貯留施設に流れ込んだ水は、オリフィス管を経て放流されます。オリフィスは、水理計算により貯留高が最も高いときでも放流先で溢水しない水量しか流れない孔の径にしています（図5-1-1）。

図5-1-1　オリフィスの機能

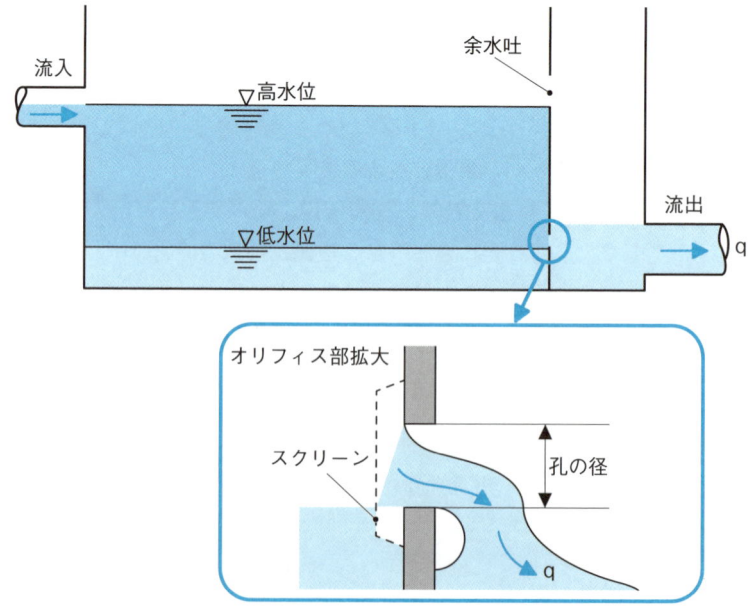

オリフィスは、下流へ流せる水量qしか流さない小口径管

●貯留施設の分類

　貯留施設には、雨が降ったその場所で貯水する方法と降った場所から管路などで集めて他の場所で貯留する方法があります。前者は、オンサイト貯留施設といい広場や公園、学校の校庭などで行います。後者は、オフサイト貯留施設といい調整池がそれにあたります（図5-1-2）。

図 5-1-2　雨水貯留施設の分類

```
                            ┌── 住棟間緑地
              ┌─オンサイト貯留─┼── 駐車場
雨水貯留施設 ──┤              └── 公園、校庭
              └─オフサイト貯留─── 調整池
```

●貯留施設の変遷

　日本が高度成長期に入り都市化が進み始めた1960年代後半から調整池が普及し始めました。当時は、低地を掘りこみ、周辺を法面や擁壁で囲む構造でした（図5-1-3）。

　1980年代に入ると調整池内に、広場や公園、テニスコートなどを作る複合利用が進みました。また、1990年代に入ると用地事情などから、それまでのオープン式から地下式となり建物の地下部分、駐車場や公園の地下に設けることが増えています（図5-1-4）。最近では、治水機能だけでなく調整池の水環境を生かし、魚類や水生昆虫、植物など生態系保全の環境教育の場や親水化した憩いの公園となっています。

　現在、大都市では、頻発する局所的な集中豪雨による浸水被害が急増し、その対策として、雨水貯留施設の設置も進められています。

　雨水貯留施設は、貯留している間に降雨初期の汚濁物は沈殿するため、河川の水質浄化にも効果があります。

図 5-1-3　調整池の構造

浅く掘り込んだ構造　　　　　　　　周囲を擁壁で囲んだ構造

図 5-1-4　貯留施設の変遷

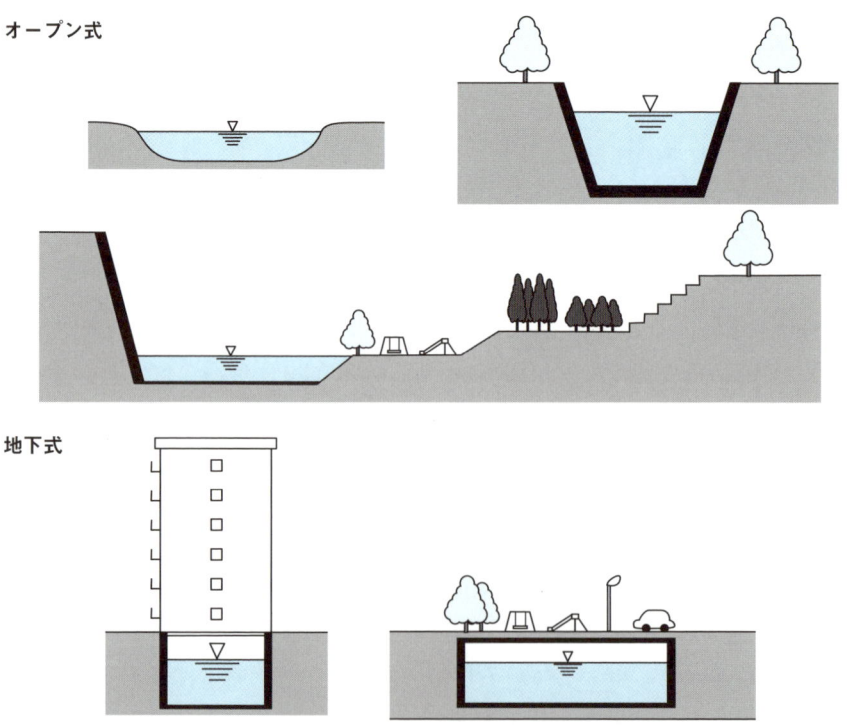

オープン式

地下式

貯留施設がつくられた当時は低地を掘り、周辺を法面や擁壁を囲んだオープン式が多かったが、最近では公園や広場・建物の地下部分に設ける地下式が増えている

●雨水貯留施設の構造

貯留施設は、大雨という非常時用の施設であるため、次の対策が必要です。
①漏水が発生しない。
②上部加重や土圧、水圧に耐えられる。
③地盤の耐力や地下水位への対策がある。
④耐震性を備えている。
⑤転落防止など安全対策や景観的な配慮がある。
⑥滞留水からの臭気や蚊・ハエの発生を防止している。
⑦維持管理や施工が容易に行える。など
また、雨水貯留施設の主要部分は、次のような材料でできています。

現場打ちコンクリート製
　地盤や敷地形状にあわせて作ることができ、上部の荷重にも耐えれるが、工期が長くなる。大規模向き。

プレキャストコンクリート製
　地盤条件や上部の荷重にも対応可能。工期も短縮。中規模から大規模向き。

FRP製
　既成の部材を現地で組み立てるが軽量で施工が容易。上部荷重への制約がある。小規模向き。

遮水シート製
　施工が容易。上部荷重や地盤、敷地形状への制約がある。小規模から中規模向き。

　下水管で雨水を貯留する整備も進められています。道路や広場の地下に大口径の管を埋設して集中豪雨時に貯留する施設です。下水幹線の一部区間を先行整備し、暫定的に貯留管として利用するケースもあります。

5-2 地中への雨水浸透

●雨水浸透施設開発と普及の背景

　1965年代に入ると都市への人口集中は激しくなり、都市内の居住環境は悪化しました。それを避けて住民の居住地は、ニュータウンや集合住宅団地、戸建団地、ミニ開発など様々な形で都市内から郊外へ広がっていきました。

　時期を同じくして大型建設機械の導入により造成技術が進み、大規模な工事の進捗は一段と加速しました。郊外地の緑豊かな丘陵地の湧き水や小川と共生していた水生動物や植物もともに埋立てられてしまいました。

　それまでの緑豊かな丘陵地の雨水は、林の下草や木々の枝葉を伝い、ゆっくりと地中に浸み込み、湧水として地上にあらわれ小川となって下流に流れていきました。その間、地表から蒸発した水分は、周囲の気温を下げ爽やかな環境をつくっていました。豊かな水循環が存在していたのです。

　一方、造成された土地に降った雨の流出量は、今までの山林や草地に比べ2～3倍に増えて、その多くが、河川や下水道により下流に向け速やかに流れていきます。下流の住民は、自分達のまわりは昔と同じ環境だったとしても、上流地域の開発による増水で洪水の危険にさらされます。この対策のために、新たな開発地には、増加した雨水の流出を抑制するため、雨水貯留施設や雨水浸透施設を設置します。

　浸透施設は、雨水を地表あるいは地下の浅いところから土壌の不飽和帯を通して地中に浸透させる方法で、浸透側溝、浸透桝、浸透トレンチ、透水性舗装、空隙貯留浸透槽などがこれにあたります（図5-2-1）。

　これらの方法は各地に普及し、流出抑制効果だけでなく小河川の平常時流量の確保、枯渇していた湧水の復活、地下水涵養などが期待できることがわかりました。

　一方、マイホームの夢が叶えられた都市内からの居住者は、時が過ぎるとともに自分達が失った環境の価値を知り、少しでも以前の緑や湧水、せせらぎ、生物達の再生を望み始めました。そのような住民や市民団体、NPOな

どにより、浸透施設を活用して「水循環の再生」を行う運動が盛んになりました。そのため、国・自治体による法律や条例が整備され、さらなる普及促進のため、助成制度が設けられました。

図 5-2-1　浸透施設の種類

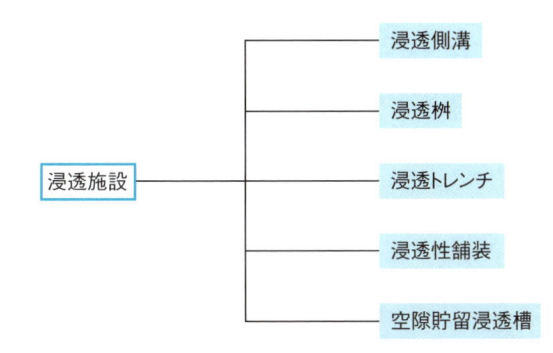

```
                    ┌── 浸透側溝
                    │
                    ├── 浸透桝
                    │
浸透施設 ───────────┼── 浸透トレンチ
                    │
                    ├── 浸透性舗装
                    │
                    └── 空隙貯留浸透槽
```

●浸透施設の構造

　浸透桝は、通常の雨水桝がモルタルにより防水している底の部分を底抜けにして、桝内に流入した雨水を底部から地中へ浸透させます。

　浸透トレンチは、掘削した溝に砕石を充填します。この中に浸透桝と連結している有孔管を入れて、有孔管の孔から流れ出た雨水を溝の側面および底面から地中に浸透させます。

　透水性舗装は、通常の舗装よりも空隙率の高いアスファルトコンクリートを表層に使います。雨水は、この空隙を通り、道路下の地中へ浸透します。

　空隙貯留浸透槽は、周壁や底版がコンクリートまたは透水シートで包れたタイプがあり、空隙が大きい砕石またはビールケース状のプラスチック製の充填物を入れ、槽内部の貯水空間の確保と槽の上部からの荷重に耐えられるようにしてあります。浸透桝に比べ貯水機能が大きく、その分浸透量も大きくなり、広い面積の流出抑制を行うときに適しています（図5-2-2）。

図 5-2-2 おもな浸透施設

浸透桝と浸透トレンチ

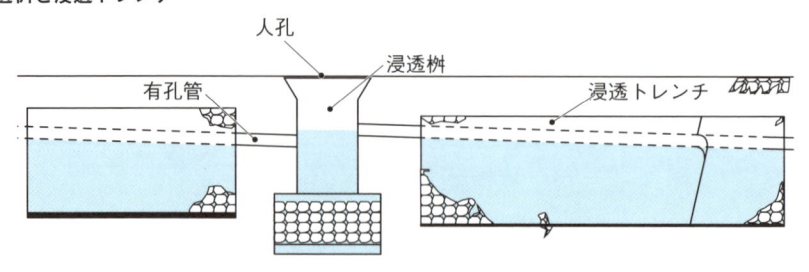

人孔 / 浸透桝 / 有孔管 / 浸透トレンチ

透水性舗装

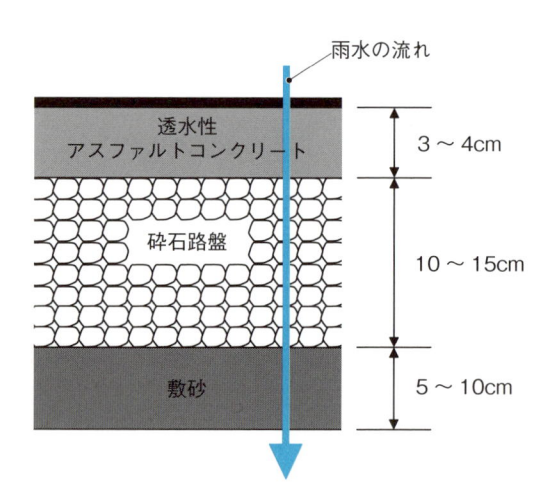

雨水の流れ
- 透水性アスファルトコンクリート　3〜4cm
- 砕石路盤　10〜15cm
- 敷砂　5〜10cm

空隙貯留浸透槽

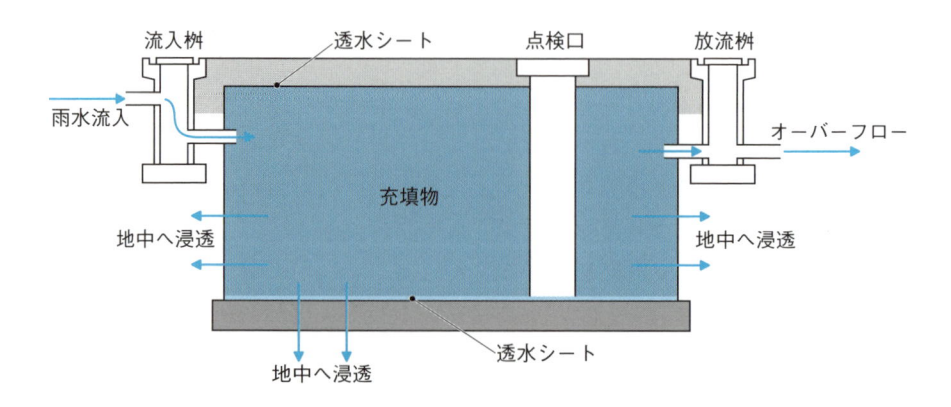

流入桝 / 透水シート / 点検口 / 放流桝
雨水流入 / 充填物 / オーバーフロー
地中へ浸透 / 透水シート / 地中へ浸透

●浸透施設の配置

　流出抑制施設は、単独で配置するより、それぞれの機能を生かした組み合わせにすると雨を敷地全体に浸透させ、下水道への流出量を減少させます。

　戸建住宅の場合、屋根に降った雨を、浸透桝から地中に浸透させ、浸透しきれなかった（流入量が土の浸透能力を上回った場合）は、建物周りに配置している浸透トレンチに流します。

　公園など比較的広い場所は、浸透側溝、浸透桝、浸透トレンチなどを経て空隙貯留浸透槽に流入させます。

　駐車場の舗装は透水性舗装で直接地下浸透をさせますが、浸透しきれなかった流出水は、浸透桝などに流します。

　浸透施設は、急傾斜地や地すべり区域、埋立地、隣地の地盤が低く浸透した雨水による影響がおよぶ恐れのある区域、斜面や低地に盛土で造成した区域、地下水位が高い区域など浸透により地中に変動を起こす場所には設置できません。

●浸透施設の効果と普及

　浸透施設は、従来の下水管による雨水排除と比較し、次のような特徴があります。

①下流下水管渠の管径が、浸透能力に相当し縮小できる。
②調整池の容量が減少し、公園・広場などと複合利用している場合は、冠水頻度が減る。
③管渠延長が長くても、管の埋設が深くならず、土工事・土留めなどの工事費が低減できる。
④開発前の土中生態系の維持と植生の生育などへの効果が期待できる。
⑤地下水涵養により、湧水や地下水位の回復が期待できる。
⑥都市内では、ヒートアイランド対策になる。

　このように、雨水浸透施設は、国や自治体、学識経験者、NPOなどから、近年増加している都市水害に対する雨水流出抑制方策とともに、都市の水循環改善に大きな効果があると期待されています。

5-3 雨水の利用

●雨水利用の背景

　生活用水の使用量が増加し、節水への取組みが進められていますが、しかし、もっと簡便に水資源が手に入る方法があります。それが降雨水を利用する方法です。

　昔から降雨水は、飲料水を始め生活用水として使用するのが当たり前のことでした。しかし、上水道や下水道が普及するに従い、下水の扱いになりなりました。屋根や舗装面などから直接集水すれば様々な用途で十分利用価値があります。図5-3-1に雨水の流れを示します。

●雨水の利用用途

　雨水の利用先は、トイレ洗浄水、掃除、散水、洗車、洗濯の一部、冷却塔補給水、噴水、池、せせらぎ、防火用水、打ち水などです。必ずしも上水道でなくてもよい用途は多くあります。特に、トイレの洗浄水は、家庭における水道使用量の約1/3を占めています。しかも、汚物を流すだけの目的なのに浄水場で浄化や高度処理まで行い、さらに、塩素による消毒までされています。

　雨水を利用するには、集水設備と貯水槽が必要です。貯水している場所が低い場合は、ポンプが必要になります。貯水容量は、集水面積と利用水量により決まりますが、家庭用の0.5㎥程度から商業施設などに設けられる数千トンの大規模な物まであります（図5-3-2）。

　貯水槽に流入する雨水の水質は、集水先により大きく異なります。貯水槽が、分流式下水道の雨水菅から直接集水する場合、広い範囲の地表面や舗装道路面を流れてくるため、土砂、動物の排泄物、肥料、除草剤、塵埃などによる汚染の恐れがあります。これに比べ、家屋の屋根、ビルの屋上、高架鉄道の軌道用地など集水先を特化して集水すると、空気中の窒素酸化物、酸化硫黄化合物、塵埃などの影響を受けますが、おおむね清浄な水が期待できます。

雨の降り始めは汚染もみられますが、降雨が継続するに従い清浄な水になります。また、水質については国土交通省、厚生労働省、自治体などから基準が示されています。当然のことながら上水道に比べると水質項目は少なく、数値も緩和されています。

図 5-3-1　雨水の流れ

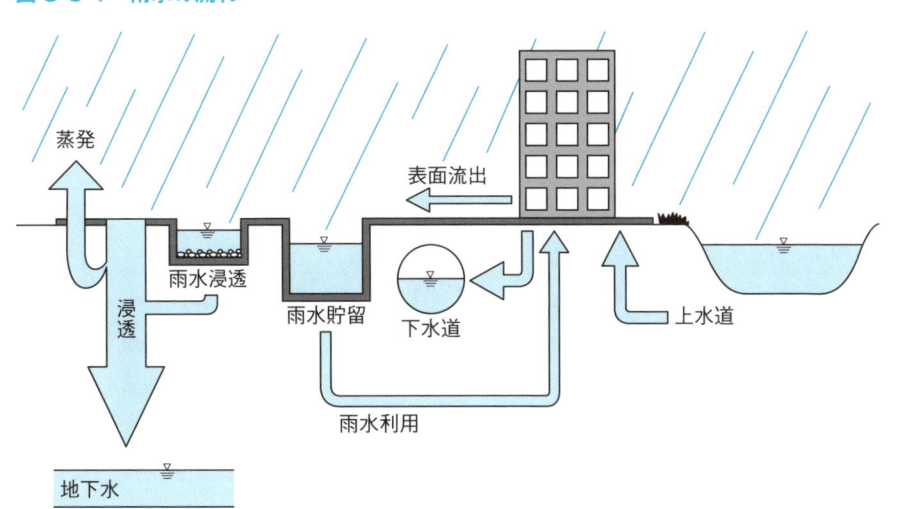

図 5-3-2　雨水貯留槽の利用例

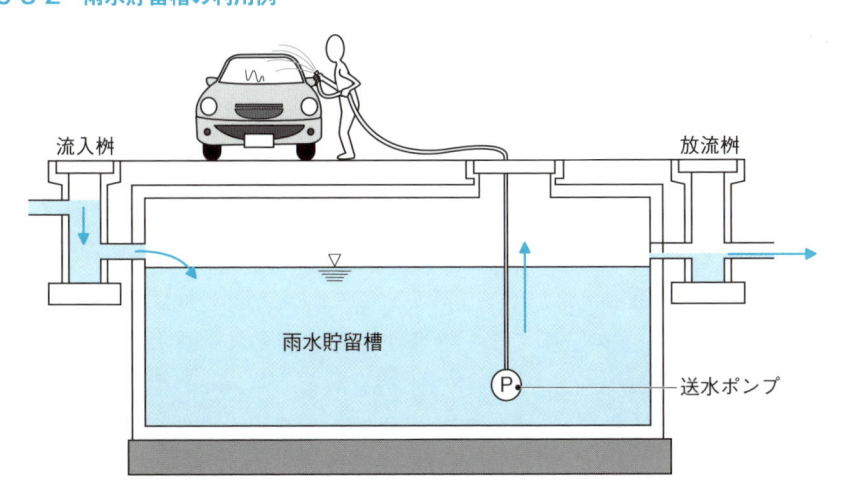

5-4 市民による新技術活用

雨水浸透、雨水貯留、下水処理水の再利用などの技術を活用し、地域の水循環の改善を行っている市民の活動が増加しています（図5-4-1）。

●千葉県船橋市の海老川流域の事例

千葉県船橋市北部丘陵を源流に、途中でいくつかの支流をあせて市街地を経て東京湾に流れ込む海老川。流域面積は、約27km²あります。ここの流域では「水循環再生行動計画」が実施されています。

海老川流域は、1955年代から都市化が進み、上流地域の湧き水が枯渇し、川の流量は減少。清流は家庭排水や工場排水で汚染が進みました。近隣の住民が、日常的に収穫した野菜を洗ったり、子供たちが魚釣りや水遊びで楽しんでいた姿は、多く生息していた水生動植物達とともに姿を消しました。

この状況を残念に思う多くの市民が集い、地域の行政、住民、企業、学識経験者などで構成されたのが海老川流域水循環再生推進協議会です。この協議会で、海老川流域水循環再生構想を1998年に作成し、それを実行するため、1999年に「水循環再生行動計画」が作られました。その後、定期的に見直された行動計画が、参加者のそれぞれの立場で進められています。

この効果として、行動計画が実施される1999年以前は、船橋市市内の一部で、時間雨量40mm程度でも浸水していましたが、最近は、浸水が起きておらず、行動計画による浸水軽減効果と考えられています。また、河川の平常時流量や水質改善も進んでいます。

●東京都井の頭恩賜公園の事例

井の頭恩賜公園は、東京の名所のひとつで、東京都の武蔵野市と三鷹市にまたがる面積38haの公園です。緑豊かな森に囲まれ、湧水による水鳥が遊ぶ池の水面が広がり、ボート遊びや水辺を散策する人々の姿が見られます。

元来、この池は、江戸時代に江戸の住民へ生活用水を供給していた神田上水の水源でした。しかし、1955年代に池の周辺一帯も住宅地となり、地表は、

コンクリートやアスファルトで被覆されました。結果として、池の湧水は減り、水質は悪化、いつしかごみも不法に投棄され始めました。

対策として、井戸水の注入やヘドロの取除きなども行ないましたが、以前の姿は中々戻りません。このような状況に対して、行政や住民が、湧水の涵養地域である近隣の三鷹市、武蔵野市、小金井市などで、積極的に雨水浸透桝の設置を進めています。この効果により、湧水の復活、池の浄化が期待されています。

図 5-4-1　地域の水循環の改善計画

市民・企業が取組む施策	重点施策	行政が取組む施策
	合併浄化槽の普及	河道改修
		調節池建設
家庭での汚濁負荷削減	下水道整備	下水処理水利用
		雨水貯留浸透施設設置
		公園・緑地整備と保全
	雨水浸透施設設置促進	多自然川づくり
		河川浄化施設の建設
水資源の有効利用	水循環施策を市民に周知	環境用水量の確保
		下水管の不明水対策
	行政と市民・企業の連携・協働	NPO・市民団体の支援

5-5 下水から有効成分回収

●有効成分回収の取組み

　我々は日々、生活活動のエネルギーとするため食品を食べて、排泄物を下水に流し廃棄物としています。ところが、多額の費用と労力をかけて処分している廃棄物の中に、まだまだ活用できる数々の貴重な物質が含まれています。

　近年、下水から貴重な物質を取り出し活用する技術が、国・自治体を始め有識者の努力で前進し、その成果が、各分野で実施に向け取組まれています。

●回収可能な有効成分

燐

　世界中の食料逼迫を背景に肥料の需要が伸び、その主原料である燐は、供給が不足し価格も上昇しています。日本でも、化学肥料の原料、食料品、工業用材料など多方面で使用されています。しかし燐は、日本で採掘できません。したがって、その多くは、輸入に頼っており、2006年には、年間55.5万トン輸入しています。このうち、下水道には、生活排水と工場排水の燐、あわせて年間5.5万トンも流入しています。

　下水中の燐は、汚泥肥料として0.6万トン（輸入量の約1％）が再利用され、残りの3.6トンは埋立てに、残りの1.3トンは、川や海に流され赤潮など水質汚濁の原因にもなっています。したがって、埋立てや放流されている4.9トン（輸入量の約9％）を、回収すれば再利用できることになります（図5-5-1）。

水温（潜熱）

　下水の温度は、冬季は約15℃、夏季が約25℃と年間を通して大きく変動しません。このため、夏の外気温にくらべ涼しく、逆に冬は暖かく感じます。日本全国の下水量が140億トン、国土交通省下水道部「下水道における資源・エネルギー利用の現状」によると、仮に、この下水中の熱をヒートポン

プで利用すると、約1,500万世帯の年間冷暖房熱源に相当するそうです。既に、下水熱を利用した地域熱供給は、東京都文京区や東京都江東区などで「未利用エネルギー活用型熱供給システム」として実施され、今後各地での普及が期待されています（図5-5-2）。

図 5-5-1　下水中の燐の流れ

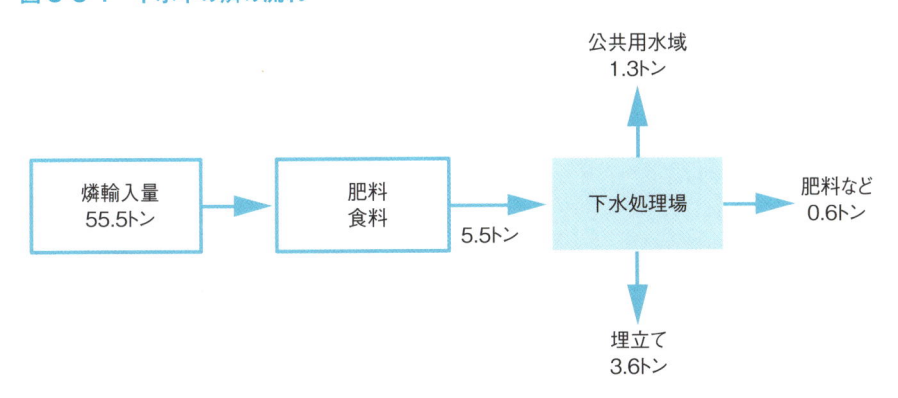

燐輸入量 55.5トン → 肥料食料 → 5.5トン → 下水処理場
下水処理場 → 公共用水域 1.3トン
下水処理場 → 肥料など 0.6トン
下水処理場 → 埋立て 3.6トン

図 5-5-2　下水の水温利用

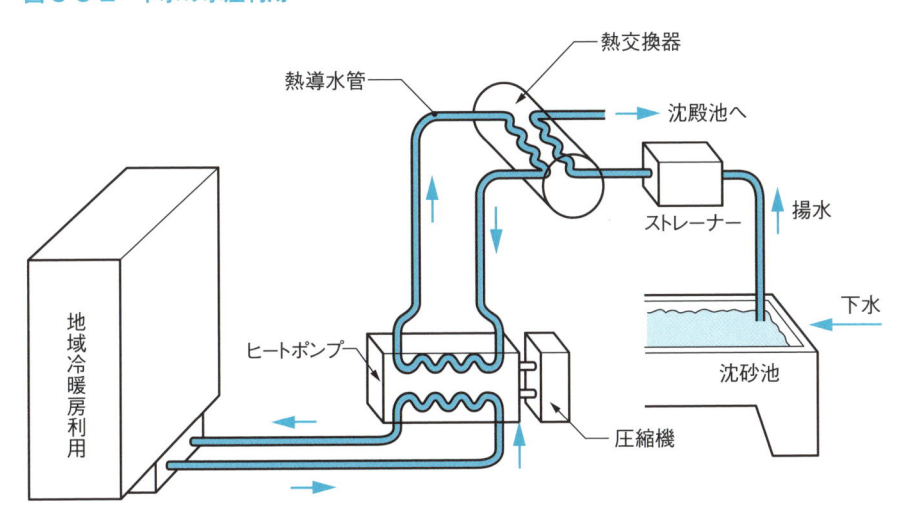

汚泥（バイオマス）

　下水処理の過程から出る汚泥は、年間乾燥ベースで 223 万トンですが、有機物からなる汚泥の持つエネルギー（バイオマス）を利用しているのは、約 10％程度です

　下水処理場の汚泥をメタン菌による嫌気性消化で発生したメタンガスは、発電用の燃料となり電力を生み出します。メタンガスは、作物を原料としてバイオエタノールを発生させるバイオ燃料に比べ、日々発生するため供給も安定しています。

　原料の汚泥は、その処分に困惑していたものであり、メタンガスの利用が増加することは、一石二鳥です。

　現在は、発生したメタンガスの多くが、下水処理場内の消化タンクの加温や焼却炉の補助燃料として利用されています。また、神戸市では、精製したバイオガスをガソリンに替わるバスの燃料として利用するなど用途は拡大しています（図 5-5-3）。

その他の有効成分

　炭化した汚泥も石炭とともに燃やして、火力発電所の発電用に使用しています。このほかにも、下水処理水の放流落差を利用した水力発電、下水処理施設の上部空間で太陽光発電を行うなど、下水を資源材料とした試みが行われています（図 5-5-4）。

　変わった例としては、以下のようなケースもあります。

　2009 年、諏訪湖のほとりの下水処理場で発生した汚泥を焼却処分している際に、灰の中に金が含まれていることがわかりました。

　この地域は、東日本に広がる「黒鉱ベルト」に含まれており、地中の金属鉱脈から金が温泉水に溶けだしたのか、流域内に数箇所ある金メッキ工場に由来するのか、原因は明確ではありません。しかし、灰 1 トン当たり約 1,890 グラムの金が含まれており、1 年分の灰 5 トンを貯蔵し、売却をしています。これまでの売却益は、約 1,500 万円になる見込みです。まさに、下水は、「都市の鉱山」です。

図 5-5-3　下水の汚泥利用による発電

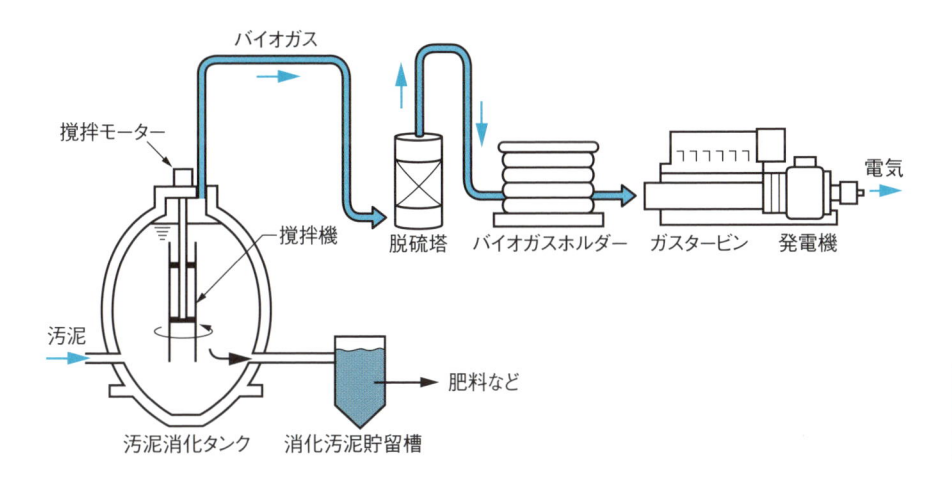

図 5-5-4　その他の有効利用

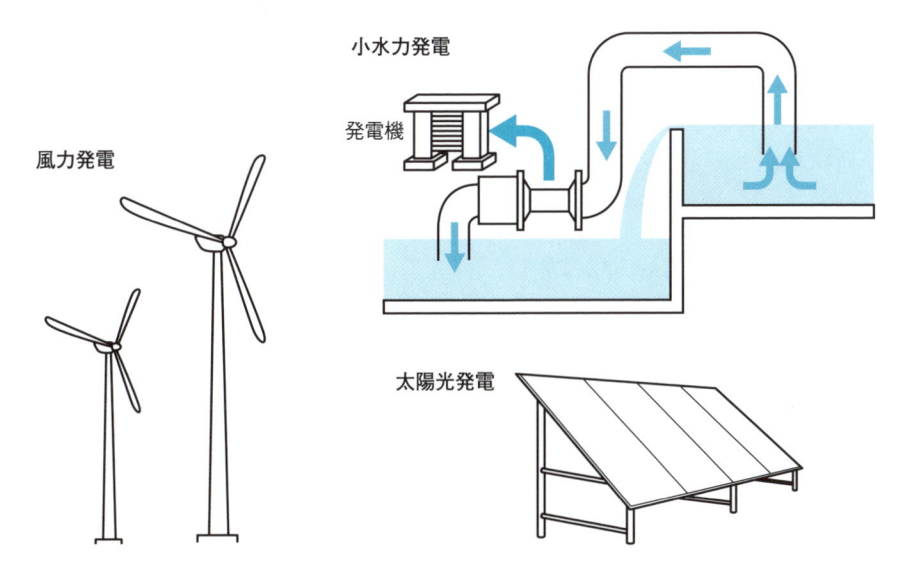

5-6 上水道の耐震化

●地震による被害事例

東日本大震災による水道の断水は、北海道から東北・関東・中部の都県にわたり、断水戸数は220万戸以上となりました。

宮城県、岩手県および福島県の6企業体における水道管（導水管・送水管・配水管）の被害は236件あり、地盤の振動、ズレ、沈下の引張り、圧縮などによる管継手部のはずれや空気弁部からの漏水がおもなものでした。

口径1,000mm以上の管や2,400mm、1,200mm、1,000mmの大口径の可とう管継手漏水が3件あり、管延長当たり漏水件数（被害率）は0.02件/kmと広域的な被害をもたらしました。調査した総延長（1,323km）に対する漏水件数は124件あり、全体での被害率は0.09件/kmでした。

●耐震改修方法

水道管の耐震改修方法は、老朽化した水道管の布設替時や軟弱な地盤および液状化が予測される地盤の水道管を表5-6-1に示す耐震型継手に布設替えを行うことです（図5-6-1）。

●耐震の効果

宮城県、岩手県および福島県の6企業体においてダクタイル鋳鉄管の耐震継手管路が約1,017km布設されていましたが被害は0件でした。溶接継手鋼管約244kmは、1件漏水被害がありました。耐震化率が高くなる程、被害率が低くなる傾向にあります。

表 5-6-1　各管種継手の耐震適合性

管種・継手	配水支管	基幹管路（導水管・送水管・配水本管）	
	レベル1地震動に対して機能保持が可能	レベル1地震動に対して原則無被害	レベル2地震動に対して機能保持が可能
ダクタイル鋳鉄管 （NS形継手等） NS形：耐震性能を有し、施工性にすぐれた継手	耐震適合性あり	耐震適合性あり	耐震適合性あり
ダクタイル鋳鉄管 （K形継手等） K形：ゴム輪を使用し水密性を高めた継手	耐震適合性あり	耐震適合性あり	良い地盤においては基幹管路が備えるべきレベル2地震動に対する耐震性能を満たす管
鋼管 （溶接継手）	耐震適合性あり	耐震適合性あり	耐震適合性あり
配水用ポリエチレン管 （融着継手）※	耐震適合性あり	耐震適合性あり	悪い地盤における被災経験がないことから、耐震性能が検証されるには、まだ時間を要する
硬質塩化ビニル管 （RRロング継手）※	耐震適合性あり	基幹管路が備えるべき耐震性能を判断する被災経験はない	
硬質塩化ビニル管 （RR継手）	耐震適合性あり	被害率が比較的低いが、明確に耐震性適合性ありとし難いもの	耐震適合性なし

レベル1地震動：施設の供用期間内に1～2度発生する確率を有する地震動
レベル2地震動：陸地近傍に発生する大規模なプレート境界地震や直下型地震のように供用期間内に発生する確率は低いが大きな強度を持つ地震動

※：使用期間が短く、被災経験が十分でないことから、十分に耐震性能が検証されるには未だ時間を要する

図 5-6-1　水道管耐震継手

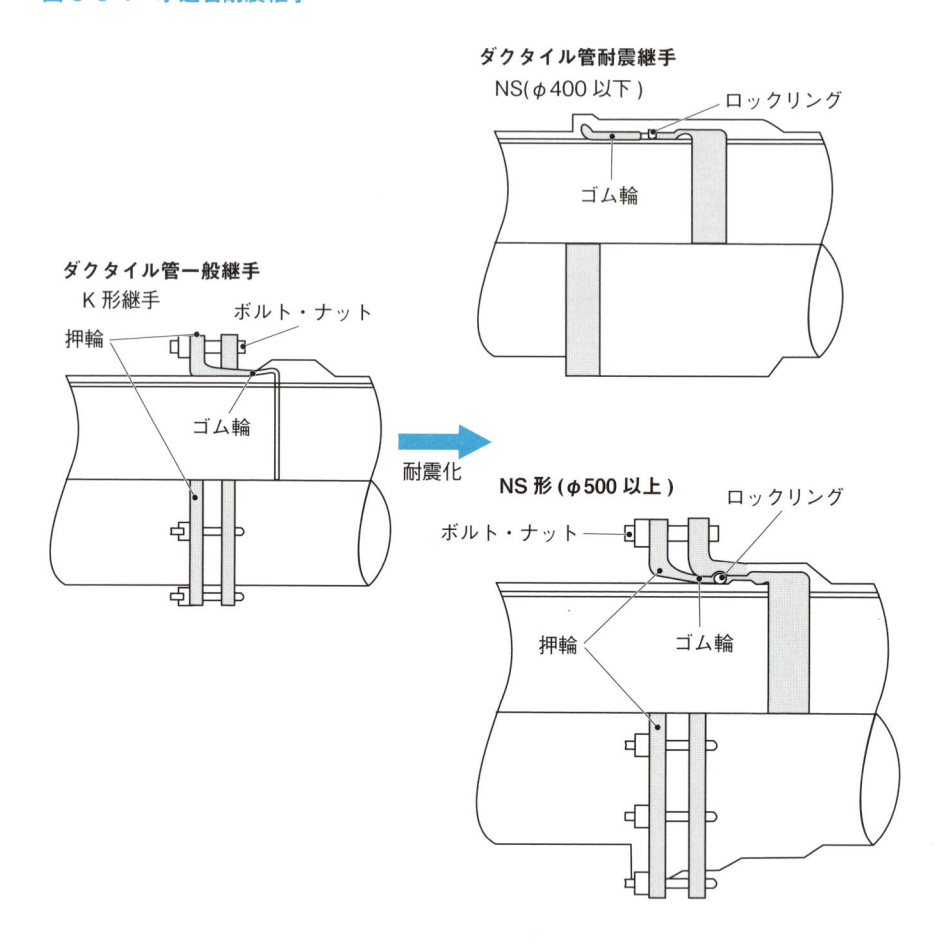

ダクタイル管耐震継手
NS(φ400以下)　ロックリング
ゴム輪

ダクタイル管一般継手
K形継手
押輪　ボルト・ナット
ゴム輪

耐震化 →

NS形(φ500以上)　ロックリング
ボルト・ナット
押輪　ゴム輪

●地震による被害事例

　なお、東日本大震災以外の最近発生した地震でも大きな被害が起きています（表5-6-2）。

　厚生労働省では、水道事業の耐震化促進のため2008年から耐震化の調査を行っています。その調査は、水道施設を浄水場、配水池、基幹管路（導水管、送水管、配水本管）に分けて行われています。

　これらの結果を受けて、さらなる促進をはかるため 水道施設の技術的基準を定める省令の一部が改正され、耐震性能が特に低い石綿セメント管につ

いては、早期に適切な耐震性能を有する管種、継手への転換し、概ね10年以内に完了するよう努めています（平成20年3月28日公布）。

基幹管路として布設されている鋳鉄管及び塩化ビニル管（TS継手）についても、老朽化の進行度を踏まえつつ、遅滞なく適切な耐震性能を有する管種、継手への転換を進めるなどに改正されました。

厚生労働省では、水道事業の耐震化促進のため、耐震化に関する国庫補助対象の追加や補助率の引き上げなどの財政支援や水道の耐震化計画策定指針などの耐震化促進の支援策も行っています。

表5-6-2　最近のおもな地震と水道の被害状況

地震名	発生日	最大震度	地震の規模（M）	断水戸数	最大断水日数
新潟県中越地震	2004年10月23日	7	6.8	約130,000戸	約1ヶ月（道路復旧などに時間を要した地域を除く）
能登半島地震	2007年3月25日	6強	8.9（暫定値）	約13,000戸	13日
新潟県中越沖地震	2007年7月16日	6強	6.8（暫定値）	約59,000戸	20日
岩手・宮城内陸地震	2008年6月14日	6強	7.2（暫定値）	約59,000戸	18日（全戸避難地区を除く）
岩手県沿岸北部を震源とする地震	2008年7月24日	6弱	6.8（暫定値）	約1,400戸	12日
駿河湾を震源とする地震	2009年8月11日	6弱	6.5（暫定値）	約75,000戸	3日

5-7 下水道の耐震化

●地震による被害事例

東日本大震災による下水道管の被害は、11都県132市町村の下水管総延長約65,000kmのうちテレビカメラ調査で被害状況を確認したところ642kmが被害を受け被災率は1.0％でした。仙台市の被害延長は市内総延長4,437kmのうち90kmで2.0％、また液状化した浦安市では、市内総延長約212kmのうち23.8kmと11.2％の被害がありました。

下水道管の特徴的な被害は、管継手部のズレ、たるみ、管の破損、取付管の抜け、取付け部の破損・刺さり込みなどです。マンホールについては、躯体のズレ、突出、土砂の堆積および管とマンホールの接続部の破損があります。被害は下水管の9割、マンホールの7割が「液状化」が要因です（図5-7-1）。

下水処理場は約50％被災し、沿岸部に位置する下水処理場はおもに津波による機械電気設備の損壊などにより稼動停止となりました。

●耐震改修方法

下水管やマンホールの浮上・沈下の要因となる「液状化」を防止するため、下水管については3つの埋戻し対策工法があります。

埋戻し土の締固め

埋戻し土を締固め度90％以上（最も締固まる最適含水比における最大乾燥密度の90％）に締固めを行います。

砕石による埋戻し

粒が40～0mmの砕石C-40（道路用などに使用される粒度分布が40mm以下の砕石）で管の周辺部と管頂から10cm以上まで埋め戻します。また、液状化の恐れがある場合は透水性の高い材料（10％通過粒径が1mm以上）で埋戻します（図5-7-2）。

埋戻し土の固化

セメント系固化材を混合撹拌した改良土（目標固化強度 50〜100kN/㎡）で埋戻しを行います。

マンホールについては、おもに次のような対策工法があります。

重量化

マンホールが浮上しないようにマンホール内外に重しを付ける工法です。

過剰間隙水圧抑制

過剰間隙水を集水管などにより排除して、液状化を防止します。

アンカー

非液状化層に根入れしたアンカーにより浮き上がりを止めます。

また、下水管とマンホールの接続部の突出し・ズレおよび破損を防ぐためにフレキシブルな構造にする耐震化工法もあります。管径700㎜以内であれば、既設のマンホール内から非開削で施工ができます。

図 5-7-1　液状化によって浮上したマンホール

(提供：浦安市)

図 5-7-2　砕石による埋戻し

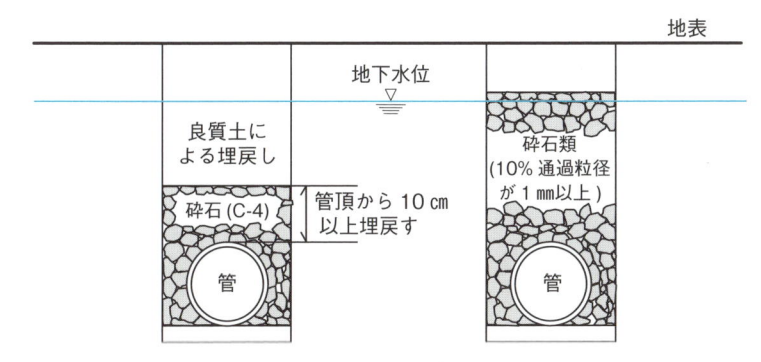

5-8 高度浄水処理

●忌避された水道水

近年、おいしい水に対するニーズの広まりとともに、水道水をシャワーや風呂、洗濯、水洗トイレには使用するが、飲み水にはしないという水道水離れが進んでいます。

その一方で、ペットボトル入り飲料水（ナチュラルミネラルウォーター）の普及が進んでいます。水道水の原水の多くが、ダムや河川の表流水であることに比べ、ミネラルウォーターの多くは、湧き水や地下水から直接取水しています。

水道水離れの大きな原因は、かび臭さや塩素臭、さらに発がん性が疑われているトリハロメタンの存在といわれています。

このような状況を踏まえて、1988年3月に「高度浄水施設導入ガイドライン」が、当時の厚生省により作成され、施設を導入する際の国庫補助制度が設けられました。ここでは、「高度浄水施設とは、通常の浄水処理方法では十分に対応できない臭気物質、トリハロメタン前駆物質、色度、アンモニア性窒素、陰イオン界面活性剤などの処理を目的として導入する活性炭処理施設、オゾン処理施設及び生物処理施設をさすものとする」と定義されています。

●高度浄水処理の方法

高度浄水処理とは、従来の浄水処理を経た水に対して、さらにオゾン処理、活性炭処理などを行います（図5-8-1）。

オゾン処理は、オゾンの強力な酸化力でジオスミンや2-MIB（2-メチルイソボルネオール）などのかび臭の原因物質の分解、処理水の着色原因であるフミン質の分解、トリハロメタンのもととなる物質を分解し、活性炭に吸着されやすくします。

活性炭処理は、粒状活性炭のほか、吸着作用と活性炭の粒が細孔構造で微

生物繁殖に適している特徴を生かした臭気物質、トリハロメタンを発生させる物質（前駆物質）や農薬などの除去に効果があります。

高度処理を行うことにより、カビ臭の原因であるジオスミンや2-メチルイソボルネオールは、100％、アンモニア態窒素100％、合成洗剤に起因する陰イオン界面活性剤80％、トリハロメタン前駆物質60％が除去可能とされています。

しかし、水質がより向上するため、コストが掛かり、現状の水道使用量に対し1㎥当たり10〜15円（1ℓ当たり0.012円）高くなるとされています。

高度浄水施設を導入している東京都や大阪市などの自治体では、この水をペットボトル入り飲料水として販売しています。

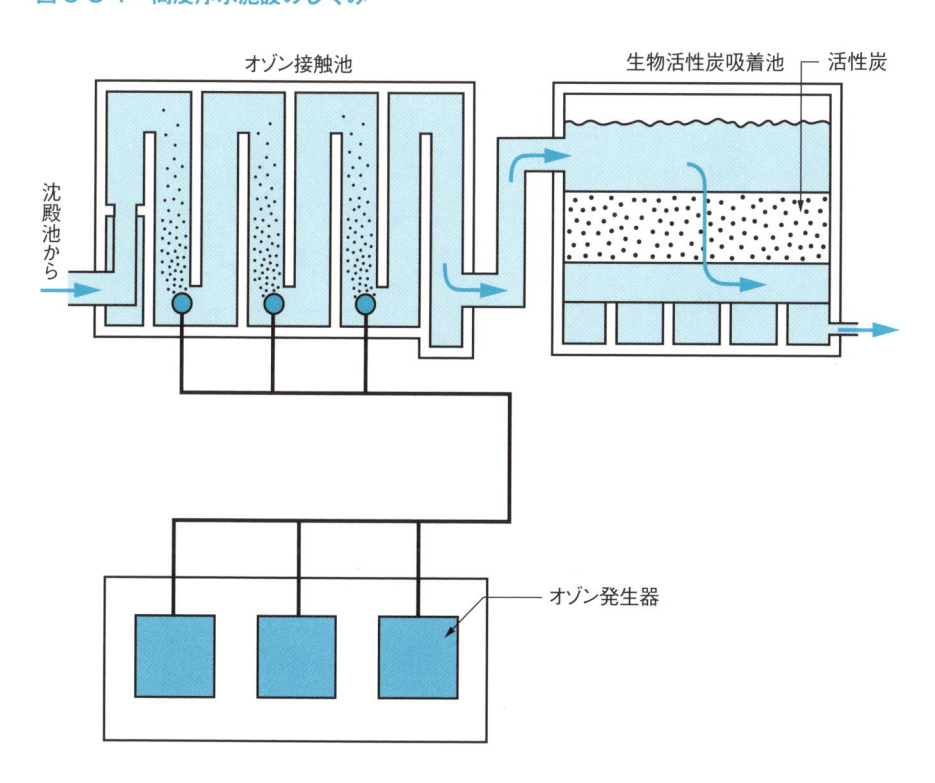

図 5-8-1　高度浄水施設のしくみ

5-9 海水淡水化

●淡水化とは

　海水には、約3.5％が塩分を含まれているので、飲水にするには塩分を除去しなければなりません。大昔から日本人は、海水を煮詰めると水と塩分にわかれることを知っていました。

　江戸時代、海運や漁業が盛んになり、それとともに海難が増え、多くの悲劇が起きました。遭難し、陸地にたどり着く前に、飲み水が無くなることは死を意味します。そのため、船頭達の中には、酒を蒸留する「蘭引き」の知識を備えており、遭難の際には、桶や竹筒で蘭引きを造り、海水から水を得て助かった例もあります（図5-9-1）。

●淡水化の方法

　海水から淡水を得る代表的な方法は、次の通りです。

　海水を温めて蒸発させる方法が、技術革新された多段フラッシュ法と浸透膜を用いた膜法です。

　多段フラッシュ法は、温めた海水を減圧すると瞬間的に沸騰すなわちフラッシュ蒸発します。この蒸気を凝縮すると真水になります。減圧は、減圧室で行われますが、効率を上げるため多段にします。

　容器の中で浸透膜を隔てて塩水と真水を静置すると、真水は濃度が濃い塩水の方に移動します。逆浸透法は、この浸透の原理の逆を行います。

　海水に圧力を加えることにより、RO膜（逆浸透膜）という水は通過させますが、塩類などは通過させない穴の大きさが2ナノメートル（1mmの100万分の1）以下の膜を通し真水を得ます。この場合、高圧を加えるのが逆浸透法（図5-9-2）。電位差を利用したのが電気透析法です。

　ちなみに、日本の浸透膜生産の技術は、世界のトップレベルにあり、海外へも膜やプラントを輸出しています。

　なお、淡水化施設から得た真水は、そのままでは味も素っ気も無いため、

ミネラル分を添加したり、他の川などを水源としている上水と混ぜ合わせて使用します。もちろん飲料水としては消毒もします。

図 5-9-1　蘭引き

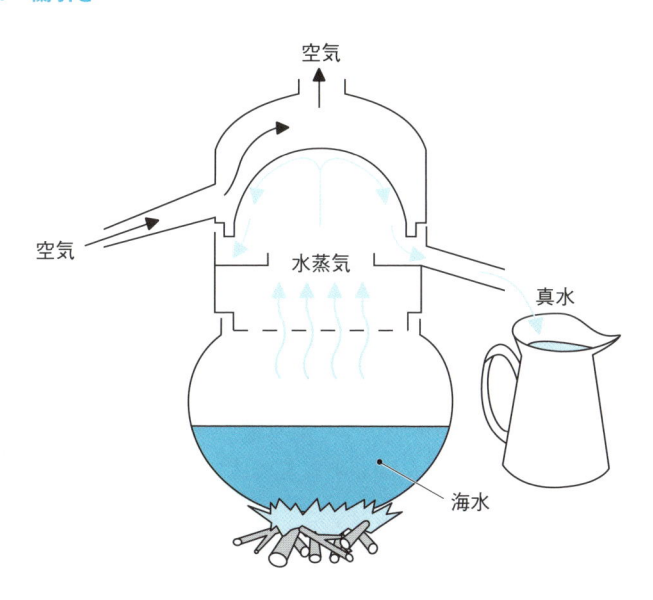

図 5-9-2　逆浸透法

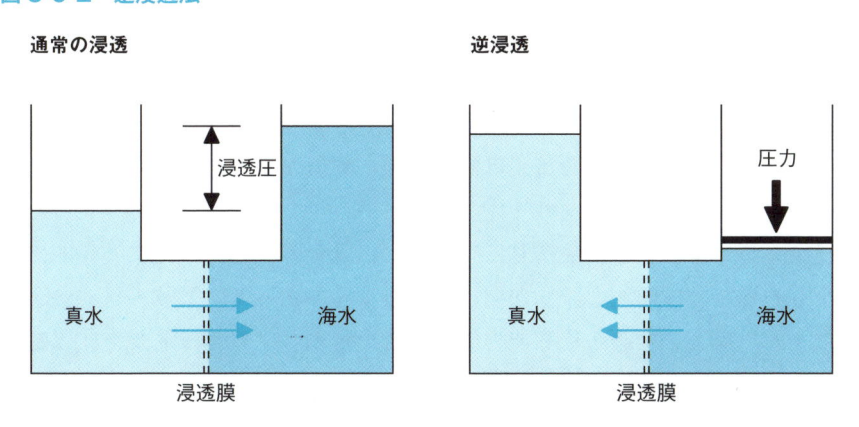

通常の浸透

逆浸透

5-10 最近の入札方法

●発注手順

　国や地方自治体などの公的機関における、建設工事および建設コンサルタント関係業務（公共工事など）の発注方法は、会計法および地方自治法で定めています。公共工事などを発注する方式は一般競争入札、指名競争入札、随意契約の3種類があります（図5-10-1）。

●新技術提案型契約方式

　「価格による競争」は、最低価格提示者が落札者となるため、価格競争が激しく著しい低価格による入札が増え、工事中の事故や手抜き工事の発生、公共工事の品質低下に関する懸念が顕著になるという短所があります。そのため、価格と価格以外の要素（技術力など）を総合的に評価して、発注者にとって最も有利なものを落札者とする総合評価方式が普及してきました（図5-10-2）。

　総合評価方式にも工事の内容により、技術的な工夫の余地が大きい工事において、構造上の工夫や特殊な施工方法などを含むライフサイクルコスト、耐久性、強度、維持管理の容易性、環境の維持、景観などの観点から高度な技術提案する「高度技術提案型」と安全対策、交通・環境への影響、工期の縮減などの観点から技術提案する「標準型」および技術的な工夫の余地が小さい工事について、簡易な施工計画や同種・類似工事の経験、工事成績などの評価する「簡易型」があります。

　建設コンサルタント関係業務については、総合評価方式の他に技術的に高度なものまたは専門的な技術が要求される業務であって、業務の目的に合致した企画を提案し企画・提案能力のある者を選ぶ「プロポーザル方式（随意契約）」があります。

図 5-10-1　公共工事などの発注手順

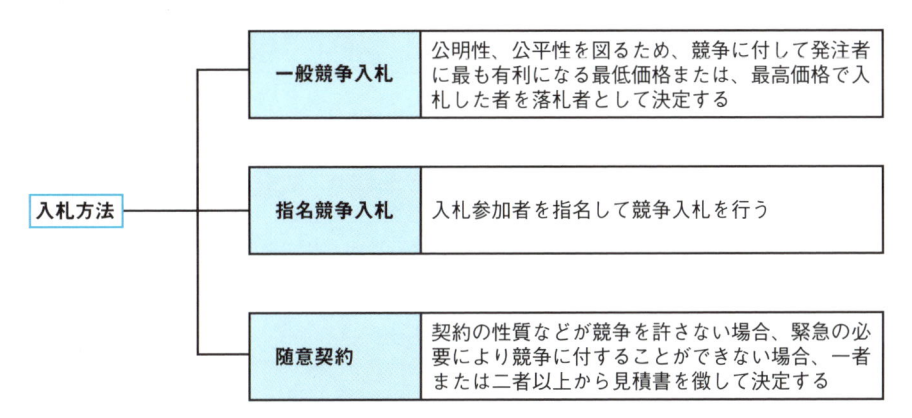

入札方法
- **一般競争入札**：公明性、公平性を図るため、競争に付して発注者に最も有利になる最低価格または、最高価格で入札した者を落札者として決定する
- **指名競争入札**：入札参加者を指名して競争入札を行う
- **随意契約**：契約の性質などが競争を許さない場合、緊急の必要により競争に付することができない場合、一者または二者以上から見積書を徴して決定する

図 5-10-2　総合評価方式の発注手順

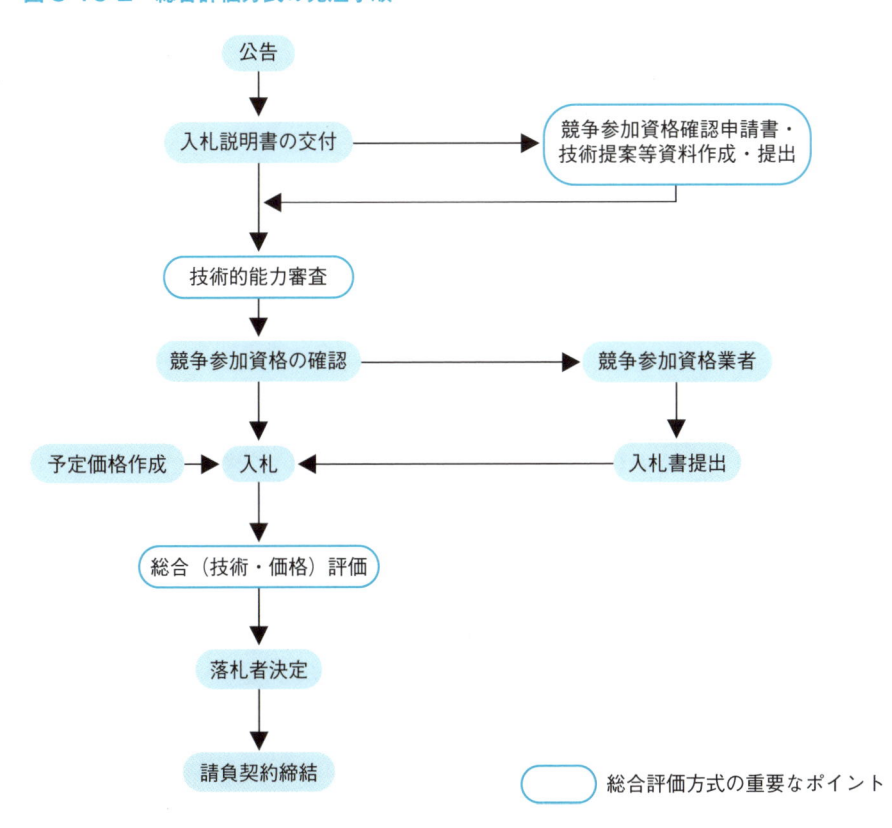

公告
↓
入札説明書の交付 → 競争参加資格確認申請書・技術提案等資料作成・提出
↓
技術的能力審査
↓
競争参加資格の確認 → 競争参加資格業者
↓
予定価格作成 → 入札 ← 入札書提出
↓
総合（技術・価格）評価
↓
落札者決定
↓
請負契約締結

◯ 総合評価方式の重要なポイント

用語索引

英字

1次処理·················· 102
2次処理·················· 102
3次処理·········· 102,116,117
BOD ···················· 39
BOD 負荷 ··············· 106
COD ···················· 41
FRP 製 ················· 155
K 形 ··················· 169
NS 形 ·················· 169
ppm ···················· 38
RR 継手 ················ 169
RR ロング継手 ·········· 169

ア行

一般公共下水道············ 30
嫌気性濾床方式············ 37
インホッフタンク····· 102,103
ウエルポイント工法······97,99
雨水流域下水道············ 31
埋戻し················98,99
円形···················· 83
遠心力脱水·············· 111
オープン式·············· 154
おがくず················ 118
オキシデーションディッチ法······ 108
オゾン処理·············· 174
汚泥··············· 110,166
オフサイド貯留施設······ 153
オリフィス管············ 152
オンサイト貯留施設······ 153
音聴法··············140,141

カ行

加圧脱水················ 111
階段接合··············84,85
改築··················· 144
回分式活性汚泥法····108,109
活性汚泥（生物）····101,104
活性汚泥法········22,23,106
活性汚泥方式·······100,106
活性炭処理·············· 174
カッター················ 70
合併式浄化槽··········28,29
合併処理浄化槽·········· 32
釜場排水工法··········97,98
簡易水道事業··········26,27
環境基準項目············ 126
環境保全··············· 127
管渠流量表···········88,89
緩速濾過方式··········56,57
管頂接合··············84,85
管低接合··············84,85
管布設················97,99
管網配管················ 63
機械撹拌方式············ 106
機械清掃方法············ 146
機械脱水方式············ 54
基礎工·················· 94
逆浸透法············176,177
給水ポンプ方式·········· 65
急速濾過方式··········56,57
強化プラステイック複合管······ 82
空隙貯留浸透槽······157,158
矩形···················· 83
クリプトスポリジウム······ 120
黒鉱ベルト·············· 166
計画1日最大汚水量······ 81
計画1日平均汚水量······ 81
計画時間最大汚水量······ 81
化粧蓋················91,92
下水道事業·············· 28
下水道未整備地区········ 29

下水道類似施設………………………	32
嫌気濾床槽………………………………	34
健康項目…………………………	126,127
懸濁物……………………………………	54
現場打ちコンクリート製………………	155
現場打ち鉄筋コンクリート管渠………	82
広域循環方式……………………	135,136
高架・高置方式…………………………	65
高架水槽……………………………66,67	
公共下水整備地区………………………	29
公共下水道………………………………	30
工業用水道事業…………………………	138
工業用水法………………………………	138
硬質塩化ビニール管……………… 69,82	
更生管工法………………………………	145
高置水槽……………………………66,67	
工程管理…………………………………	71
硬度………………………………………	44
高度技術提案型…………………………	178
高度浄水処理………………………52,53	
高度洗浄処理……………………174,175	
合理式……………………………………	80
合流式………………………77,78,79,132	
個別循環方式…………………… 136,137	
コミュニティプラント…………………	32
コンクリート基礎…………………94,95	

サ 行

最終沈殿池………………………………	104
散気………………………………………	106
散気式曝気槽……………………………	107
散水用水………………………… 134,135	
散水濾床法…………………………22,23	
散水濾床方式……………………………	100
自然環境保全……………………………	127
自然流下方式……………………………	62
遮水シート製……………………………	155
修繕………………………………………	144
修景用水………………………… 134,135	
集落排水施設……………………………	32
樹枝状配管………………………………	63
受水タンク方式…………………………	66

浄化槽……………………………………	34
浄水場……………………………………	46
浄水処理……………………………52,53	
消毒………………………………………	60
処理施設上部空間………………………	148
真空脱水…………………………………	111
人孔（マンホール）……………… 90,91	
親水用水………………………… 134,135	
浸透トレンチ…………………… 157,158	
浸透桝…………………………… 157,158	
人力清掃方法……………………………	146
水位接合……………………………84,85	
水温（潜熱）……………………………	164
水源二法…………………………………	48
水質基準項目……………………………	59
水質基準値………………………………	58
水質検査…………………………………	58
推進工法…………………………………	98
水洗用水………………………… 134,135	
水道管……………………………………	68
水道技術管理者…………………………	27
水道原水法…………………………48,49	
水道事業…………………………………	26
水道事業管理者…………………………	27
水道水源法…………………………48,49	
水道普及率………………………………	18
水道用水供給事業…………………26,27	
水理特性曲線………………………88,89	
ステップエアレーション法……… 108,109	
砂基礎………………………………94,95	
生活環境項目…………………… 126,127	
製管工法…………………………………	145
石樋………………………………… 18,19	
接触曝気槽………………………………	34
接触曝気方式……………………………	37
節水型都市づくり条例…………………	124
背割下水（太閤下水）……………20,21	
専用水道……………………………26,27	
増圧直結方式……………………………	65

タ 行

耐触鋼管…………………………………	69

181

ダクタイル鋳鉄管	69,83
多段フラッシュ法	176
卵形	83
段差接合	84,85
単層濾過方式	56
単独式浄化槽	29
単独処理方式	35
地下式	153,154
地下ダム	50,51
地区循環方式	136
窒素（N）	114
鋳鉄管	69
長時間曝気法	108
直圧直結方式	64
貯留施設	152
出来形管理	71
鉄筋コンクリート管	82
電気透析法	176
天日乾燥方式	54
陶管	82
透水性塗装	157,158
特定環境保全公共下水道	31
特定公共下水道	30
特定都市河川浸水被害対策法	128
都市型水害	128
都市下水路	30
土壌処理法	100

ナ行

ノンポイント汚濁	16

ハ行

バーチャルウォーター	42
バイオトイレ	118
配水所	46
排水設備	76
曝気	106
はしご胴木基礎	94,95
馬蹄形	83
パドル式	55
反転工法	145

標準活性汚泥方式	37
品質管理	71
複層濾過方式	56
伏越し	92,93
腐敗槽	102,103
プレキャストコンクリート製	155
プロペラ式	55
プロポーザル方式（随意契約）	178
分離接触曝気方式	36
分流式	78,79,132
洞井	50,51
ポリエチレン管	69
ポンプ加圧方式	62

マ行

まくら胴木基礎	94,95
水資源賦存量	14
水循環再生行動計画	162
水ストレス	12,13
面源汚染	126
木樋	18,19

ヤ行

山留め	71
山留め工	96,97
余剰汚泥	106
余水吐	132,133

ラ行

蘭引き	176,177
流域関連公共下水道	30
流域下水道	30
流域水害対策計画	129
燐（P）	114
レベル1地震動	169
レベル2地震動	169
漏水量	140
濾過池	56

■**写真提供**

ダイドレ株式会社、高松市上下水道局、東京都下水道局、浦安市

■**参考文献**

国土交通省 HP
厚生労働省 HP
環境省 HP
東京都水道局 HP
東京都下水道局 HP
『水道統計第92−1号(平成21年度)』『日本の水道2012』(日本水道協会)
『下水道政策研究委員会流域管理小委員会報告書 水・物質循環系の健全化に向けた流域管理のあり方について』(国土交通省、2007.11)
『離島統計年鑑』(日本離島センター)
『理科年表 平成24年版』(丸善出版)
『「よみがえれ!! 井の頭池」シンポジウムを開催して』((社)雨水貯留浸透技術協会誌「水循環」63号/小口健蔵)
『林地の水および土壌保全機能に関する研究(第1報)』(林業試験場 研究報告 第274号(昭和50年)/村井宏・岩崎勇作)
『海老川流域水循環系再生第二次行動計画パンフレット』(海老川流域水循環系再生推進協議会 平成18年3月)
『衛生工学』(鹿島出版会/末石富太郎編)
『わかりやすい下水道管路施設工事』(オーム社)
『土木工法事典 改訂V』(土木工法事典改訂V編集委員会 産業調査会)
『水道工学』(技報堂/藤田賢二監修)
『とことんやさしい水道の本』(日刊工業新聞/高堂彰二)
『平成23年9月(2011年)東日本大震災水道施設被害等現地調査団報告書』
『下水道に関する新たな地震・津波対策について』(早稲田大學 濱田政則)
『下水道管路施設における耐震化技術の有効性』(国土技術政策総合研究所下水道研究部 深谷渉)
『下水道管路施設「維持管理マニュアル」』(社団法人日本下水道管路維持管理業協会)
『管材から見た下水道管きょの長寿命化』(環境新聞社:月間下水道/国土交通省/深谷渉)
『下水道管路に起因する道路陥没』(国土技術政策総合研究所/松宮洋介)
『神奈川県水道事業統計年報(2008年)』
『水の安全保障研究会 最終報告書2008年7月より』

(順不同)

■監修・著者紹介

長澤靖之（ながさわ・やすゆき）
1966年東京農業大学農学部農業工学科卒業。現在、㈱都市整備技術研究所会長、法政大学兼任講師。国土交通省下水道政策委員会流域管理委員、水循環再生協議会顧問、「水循環」誌編集委員など歴任。著書に『新上下水道おもしろ読本』（㈱近代出版社、共著）、『小規模下水道施設設計の実務』（工業出版社、共著）など。技術士（総合技術監理部門、建設部門、衛生工学部門）
[執筆担当：1章、2-1〜2-12、3-1〜3-7、3-9〜3-16、4-1〜4-5、4-7、4-12、5-1〜5-5、5-8〜5-9、各コラム]

■著者紹介

井端和人（いばた・かずと）
1968年早稲田大学理工学部土木工学科卒業。現在、まち環境エンジニアリング代表取締役社長。上下水道の設計・監理、中水道・雨水貯留浸透など水循環に関する業務に携わる。著書に『建築と都市の水環境計画』（彰国社、共著、建築学会編）。技術士（建設部門、上下水道部門）、測量士　[執筆担当：4-6、4-8〜4-11、5-6、5-7、5-10]

片岡利夫（かたおか・としお）
1968年名古屋工業大学工学部土木工学科卒業。現在、㈱東神設計事務所技術顧問、上下水道の設計・監理、保守・修繕などの業務に携わる。技術士（建設部門）、一級建築士、一級土木施工管理技士　[執筆担当：2-13、3-8]

- ●装　　　丁　　中村友和（ROVARIS）
- ●作図&イラスト　下田麻美、片庭　稔
- ●編　集＆DTP　ジーグレイプ株式会社

しくみ図解シリーズ
上下水道が一番わかる

2012年 9 月10日　初版　第 1 刷発行
2022年 3 月29日　初版　第 5 刷発行

監修／著者　長澤靖之
著　　　者　井端和人、片岡利夫
発 行 者　片岡　巖
発 行 所　株式会社技術評論社
　　　　　東京都新宿区市谷左内21-13
　　　　　電話
　　　　　03-3513-6150　販売促進部
　　　　　03-3267-2270　書籍編集部
印刷／製本　株式会社加藤文明社

定価はカバーに表示してあります

本書の一部または全部を著作権法の定める範囲を超え、無断で複写、複製、転載、テープ化、ファイル化することを禁じます。

©2012 ジーグレイプ株式会社

造本には細心の注意を払っておりますが、万一、乱丁（ページの乱れ）や落丁（ページの抜け）がございましたら、小社販売促進部までお送りください。　送料小社負担にてお取り替えいたします。

ISBN978-4-7741-5225-7　C3052

Printed in Japan

本書の内容に関するご質問は、下記の宛先まで書面にてお送りください。お電話によるご質問および本書に記載されている内容以外のご質問には、一切お答えできません。あらかじめご了承ください。

〒162-0846
新宿区市谷左内町 21-13
株式会社技術評論社　書籍編集部
「しくみ図解シリーズ」係
FAX：03-3267-2271